普通高等教育信息技术类系列教材

C 语言程序设计基础学习指导

主　编　彭旭东

副主编　王成霞　万　红　王海燕
李　可　樊丽珍　李　婧

科学出版社

北　京

内 容 简 介

“C 语言程序设计”是我国高等院校理工科专业普遍开设的公共基础课。本书是《C 语言程序设计基础》（彭旭东主编，科学出版社）一书的配套教材。本书内容与主教材对应，主要是各章习题答案、补充习题及其答案、重点章节的实验题目等。

本书是“C 语言程序设计”等课程的教学参考书，适合理工科非计算机类专业的本科生使用，也可供自学 C 语言程序设计的人员参考。

图书在版编目(CIP)数据

C 语言程序设计基础学习指导/彭旭东主编. —北京：科学出版社，2019.10
（2024.2 修订）
（普通高等教育信息技术类系列教材）
ISBN 978-7-03-061802-3

Ⅰ. ①C… Ⅱ. ①彭… Ⅲ. ①C 语言-程序设计-高等学校-教学参考资料 Ⅳ. ①TP312.8

中国版本图书馆 CIP 数据核字（2019）第 131839 号

责任编辑：刘 刚 吴超莉 / 责任校对：赵丽杰
责任印制：吕春珉 / 封面设计：东方人华平面设计部

科学出版社出版
北京东黄城根北街 16 号
邮政编码：100717
http://www.sciencep.com
三河市骏杰印刷有限公司印刷
科学出版社发行 各地新华书店经销
*
2019 年 10 月第 一 版 开本：787×1092 1/16
2025 年 1 月第七次印刷 印张：9 1/2
字数：226 000

定价：31.00 元

（如有印装质量问题，我社负责调换）
销售部电话 010-62136230 编辑部电话 010-62138978-2029

版权所有，侵权必究

前　言

教育是国之大计、党之大计。教育、科技、人才是全面建设社会主义现代化国家的基础性、战略性支撑。全面建设社会主义现代化国家，必须坚持科技是第一生产力、人才是第一资源、创新是第一动力，深入实施科教兴国战略、人才强国战略、创新驱动发展战略。高等教育人才培养要树立质量意识、抓好质量建设、全面提高人才自主培养质量。

“C 语言程序设计”是目前我国高等院校理工科专业普遍开设的公共基础课，同时也是学习程序设计的入门课程。本书是《C 语言程序设计基础》（彭旭东主编，科学出版社）的配套教材。全书按教材章节提供了教材大部分习题的参考答案、补充习题及其答案、重点章节的实验题目。经过几年来的使用，我们收集整理了多位教师的反馈意见，修订了本书。在修订过程中，我们修改了叙述不明确的题目，删除了重复性的习题和过于强调语法规则的习题。初学者最好结合主教材使用本书，通过学习本书的习题和实验，达到巩固所学知识的目的。

本书由彭旭东担任主编，王成霞、万红、王海燕、李可、樊丽珍、李婧担任副主编。具体编写分工如下：第 1 章由李可编写，第 2、3、5 章由樊丽珍编写，第 4、8、11 章由王成霞编写，第 6、7 章由万红编写，第 9、10 章由王海燕编写，第 12、13 章由李婧编写。李可、李婧负责全书统稿。彭旭东设计了本书的整体结构，并审阅了全书。

在本书的修订过程中，孟繁红老师提出了宝贵的意见和建议，在此表示感谢。

由于编者水平有限，书中难免存在不足之处，欢迎广大读者将意见或建议以电子邮件的方式发送给我们（编者邮箱：pengxvdong@163.com）。

彭旭东

2023 年 9 月

目　录

第1章 概　　述

1.1　习题1答案

1．计算机程序（computer program），简称程序，是指为了得到某种结果而编写的一组指示计算机动作的指令序列。

2．程序设计语言包括机器语言、汇编语言、高级语言3种。

3．略。

1.2　C语言开发工具

1．开发工具Microsoft Visual C++ 2010介绍

Microsoft Visual Studio是Microsoft公司推出的一套基于Windows操作系统的可视化集成开发环境，其功能强大，使用灵活，可扩展性强。它包括Microsoft Visual C++、Visual C#、Visual Basic等组件工具，使用这些工具可以进行C/C++、C#或者Basic（微软改进版）程序设计开发。Microsoft Visual C++ 2010有很多子版本，本书使用Microsoft Visual C++ 2010学习版作为C语言编辑开发工具。读者可以从Microsoft公司的官网下载安装Microsoft Visual C++ 2010学习版，申请注册密钥，就可以免费使用了。

（1）安装

1）运行从Microsoft公司官网下载的Microsoft Visual C++ 2010学习版的安装程序，然后单击“下一步”按钮，如图1.1所示。

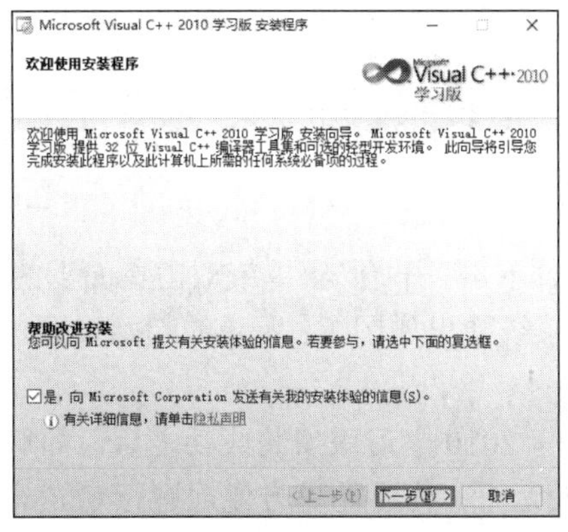

图1.1　安装向导

2）计算机上会显示安装程序正在加载安装组件，选择 Microsoft Silverlight 和 Microsoft SQL Server 2008 Express Service Pack 1（x64）复选框，如图 1.2 所示，这两个插件是应用 Microsoft Visual C++ 2010 学习版时必备的。

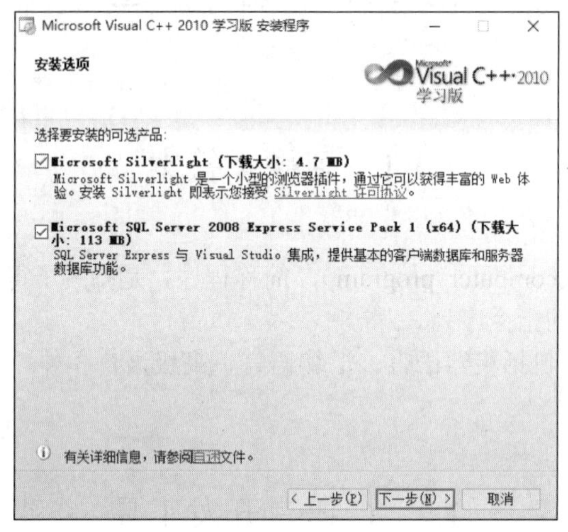

图 1.2 安装插件

3）下载完 Microsoft Silverlight 和 Microsoft SQL Server 2008 Express Service Pack 1（x64）这两个插件后，进行下一步安装，如图 1.3 和图 1.4 所示。

图 1.3 安装组件

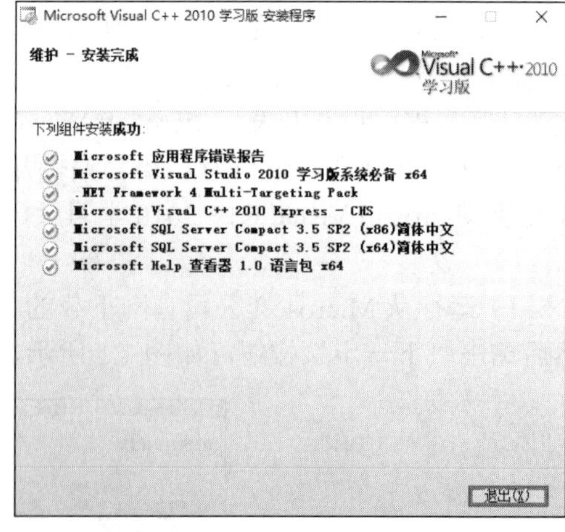

图 1.4 完成安装

4）安装完成后可以通过单击“开始”菜单或双击桌面上的快捷方式来启动 Microsoft Visual C++ 2010 学习版，系统弹出如图 1.5 所示的起始页面。

（2）配置

当 Microsoft Visual C++ 2010 学习版安装成功之后，即可直接使用默认的配置进行 C 语言程序的编辑、调试及运行。为了能更方便地进行 C 语言程序的开发，建议做如下配置。

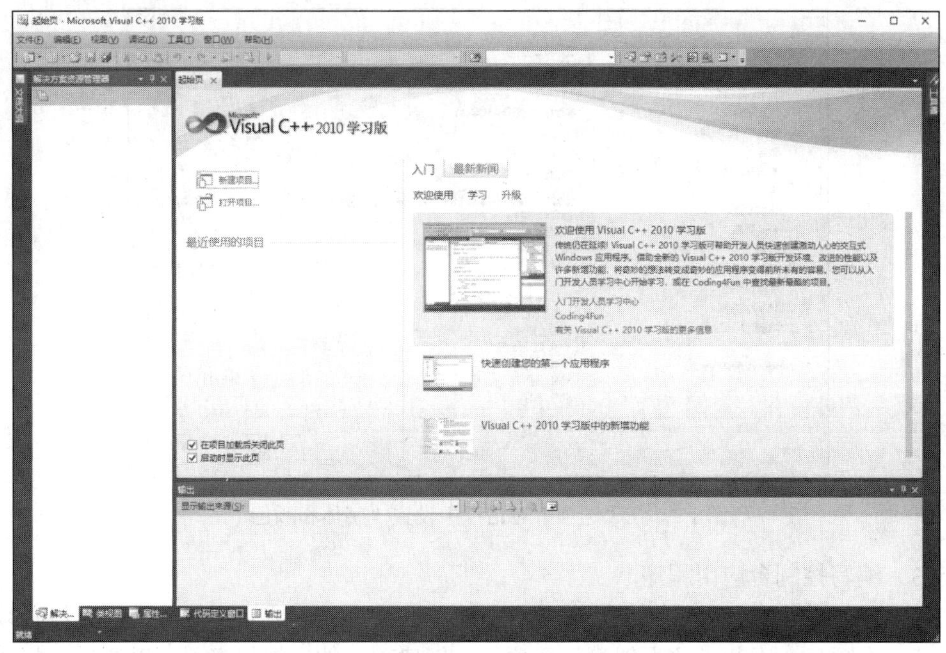

图 1.5 Microsoft Visual C++ 2010 学习版的起始页面

1）显示行号：选择“工具”→“选项”命令，弹出“选项”对话框。在“选项”对话框左侧的列表框中展开“文本编辑器”，选择“所有语言”选项，选中“选项”对话框右侧的“行号”复选框，如图 1.6 所示。

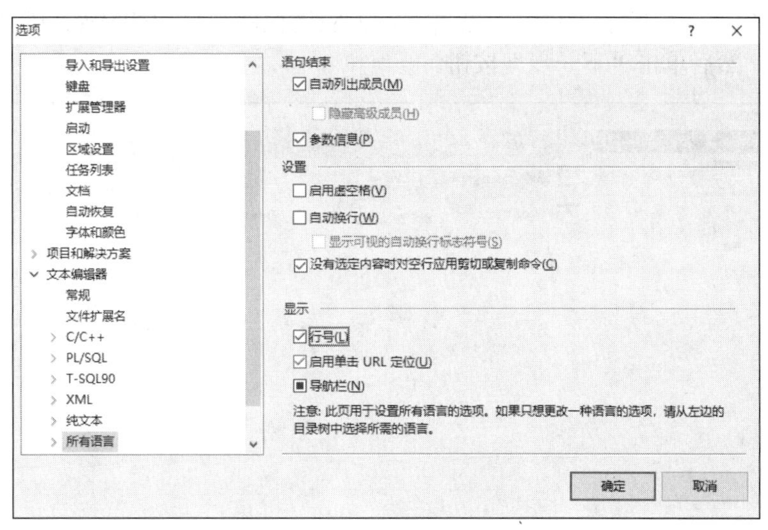

图 1.6 在“选项”对话框中设置“所有语言”

2）调整字体和颜色：选择“工具”→“选项”命令，弹出“选项”对话框。在“选项”对话框左侧的列表框中展开“环境”，选择“字体和颜色”选项，即可在“选项”对话框的右侧对字体、颜色等进行调整，如图 1.7 所示。

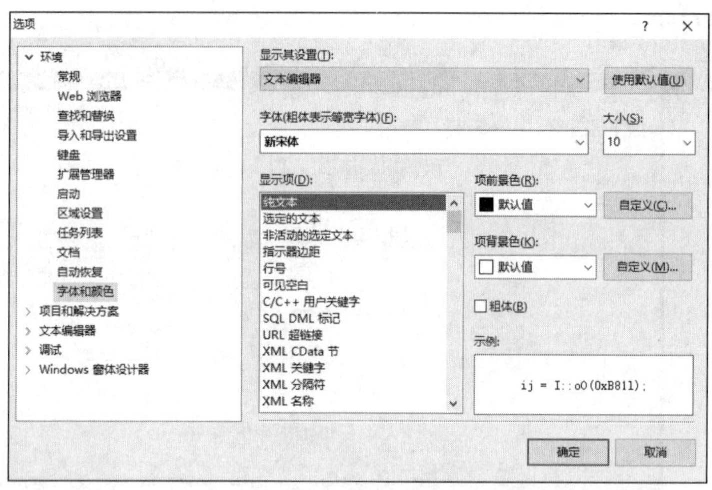

图 1.7　在“选项”对话框中设置“字体和颜色”

（3）编写控制台应用程序

1）Microsoft Visual C++ 2010 学习版不能单独编译.cpp 或.c 文件，这些文件必须依赖于某一个项目，因此必须先创建一个项目。创建项目的方法很多，可以通过选择“文件”→“新建”→“项目”命令进行创建，也可以在工具栏中单击“新建项目”按钮进行创建。这里单击起始页面中的“新建项目”按钮，弹出“新建项目”对话框。

2）在“新建项目”对话框中选择“Win32 控制台应用程序”选项，在“名称”文本框中输入“HelloWorld”，选择项目存放位置，这里选择 D 盘根目录，然后单击“确定”按钮，如图 1.8 所示，系统弹出“Win32 应用程序向导-HelloWorld”对话框，如图 1.9 所示，然后单击“下一步”按钮。

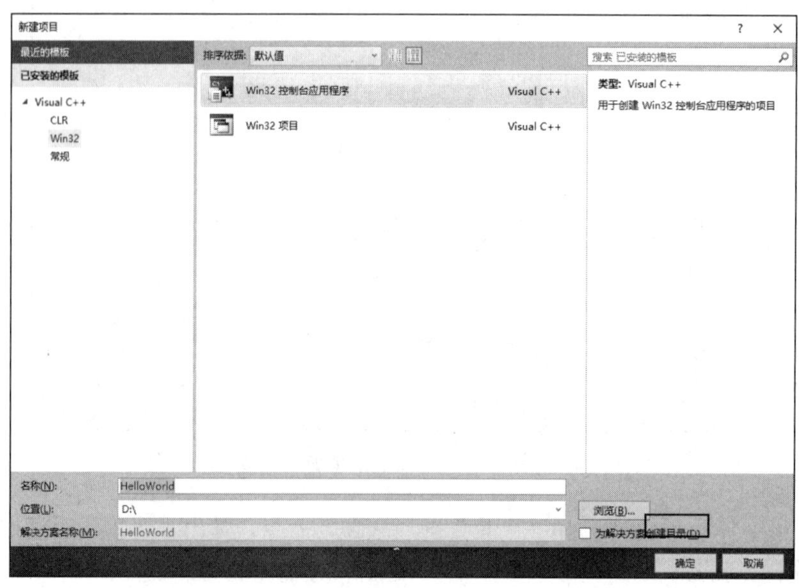

图 1.8　“新建项目”对话框

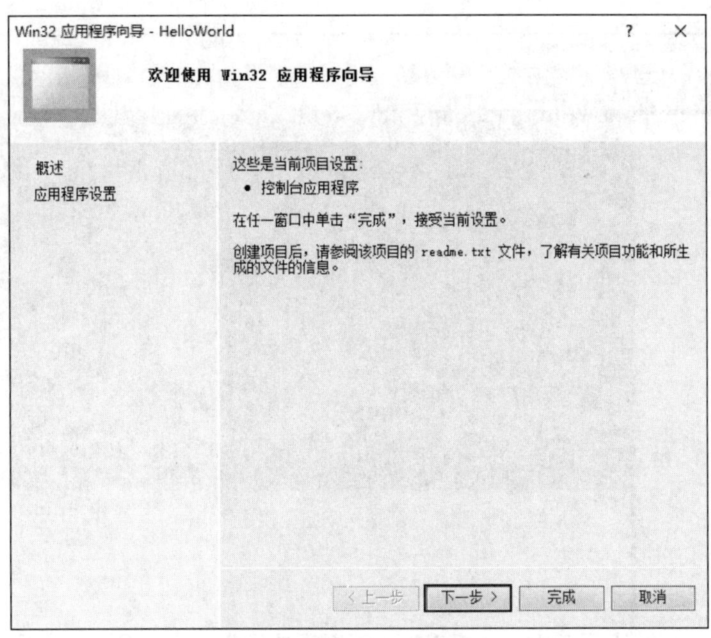

图 1.9 “Win32 应用程序向导-HelloWorld”对话框

3）系统弹出如图 1.10 所示的对话框。选中“附加选项”选项组中的“空项目”复选框，然后单击“完成”按钮。

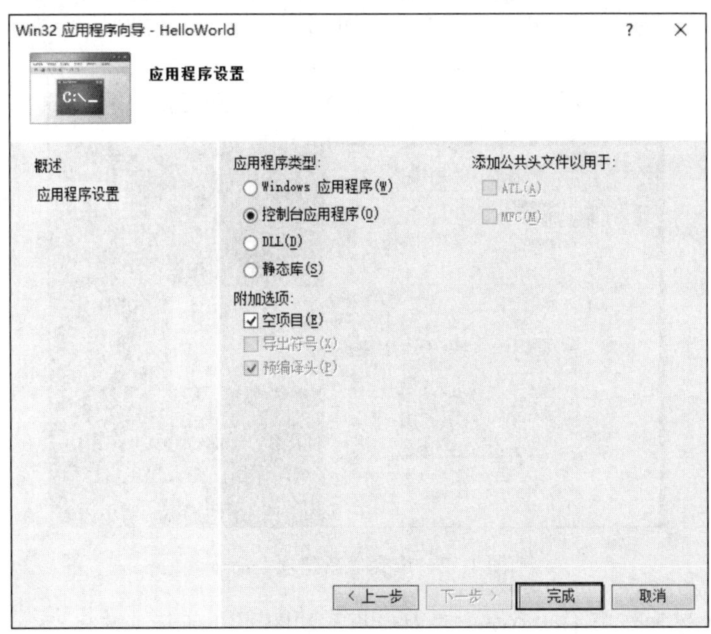

图 1.10 应用程序设置

4）新建项目“HelloWorld”的开发设计主窗口如图 1.11 所示。

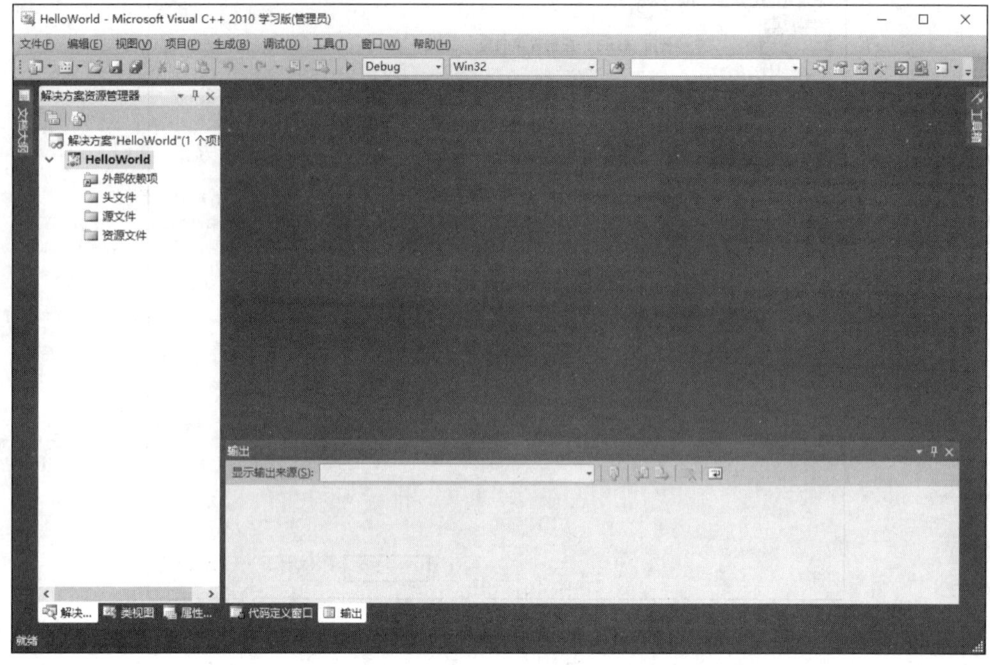

图 1.11　新建项目“HelloWorld”的开发设计主窗口

5）在窗口左侧的“解决方案资源管理器”中右击“源文件”，在弹出的快捷菜单中选择“添加”→“新建项”命令，如图 1.12 所示。

图 1.12　选择“新建项”命令

6）弹出“添加新项-HelloWorld”对话框，如图 1.13 所示。选择“C++文件（.cpp）”选项，填写新建的源文件名称。本书实验使用 C 语言编写程序，请注意在源文件名称后加扩展名“.c”，单击“添加”按钮即可在主窗口中添加源文件。

7）将“HelloWorld.c”的源程序输入编辑器，如图 1.14 所示。

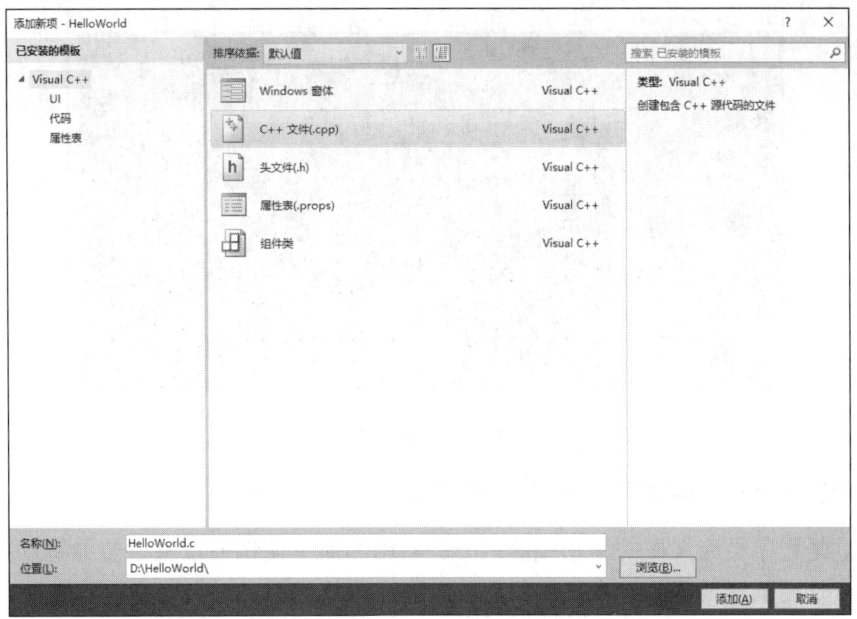

图 1.13 “添加新项-HelloWorld”对话框

【程序清单】

```
/*e1-01.c:HelloWorld*/
#include<stdio.h>
int main(void)
{
    printf("HelloWorld.\n");
    return 0;
}
```

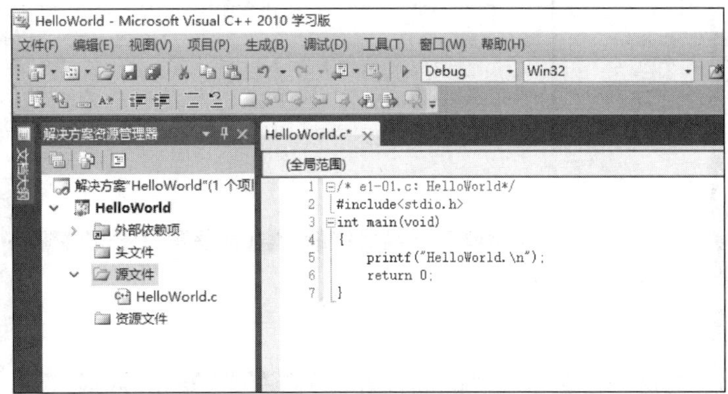

图 1.14 源程序编辑窗口

8）完成源程序的输入后，选择“调试”→“开始执行（不调试）”命令，或按 Ctrl+F5 组合键进行调试。如果输入的代码没有错误，则运行结果如图 1.15 所示。

图 1.15　运行结果

2. Microsoft Visual C++ 2010 学习版程序简单调试方法

调试是程序员应掌握的基本技能之一。常用的简单调试方法就是使用断点。

断点是调试器设置的一个代码位置。当程序运行到断点时，程序中断执行，返回调试器。调试时，只有设置断点并使程序返回调试器，才能对程序进行在线调试。

（1）设置断点

设置断点的方法是首先把光标移动到需要设置断点的代码行，然后按 F9 快捷键；也可以通过“新建断点”对话框来设置断点，方法是按 Ctrl+B 组合键，或者通过选择“调试”→“新建断点”→“在函数处中断”命令来设置；还可以通过按 Alt+F9 组合键激活“断点”选项卡来设置断点。断点如图 1.16 所示。

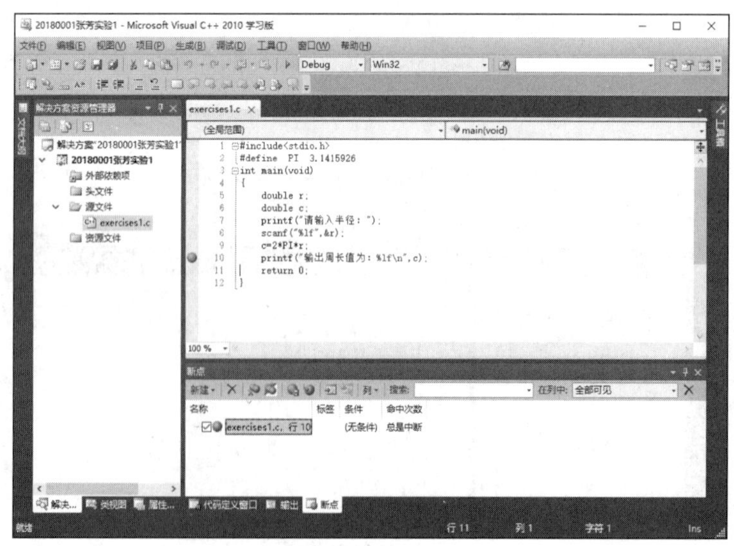

图 1.16　断点

（2）删除断点

把光标移动到给定断点所在的行，再次按 F9 快捷键就可以删除断点；也可以按

Alt+F9 组合键激活“断点”选项卡后再删除断点。

（3）数据查看

Microsoft Visual C++ 2010 学习版支持查看变量、表达式和内存的值，所有这些查看操作都必须在断点中断的情况下进行。

查看变量的值最简单的方法是：当断点到达时，把光标移动到这个变量上，停留片刻就可以看到该变量的值，如图 1.17 所示。

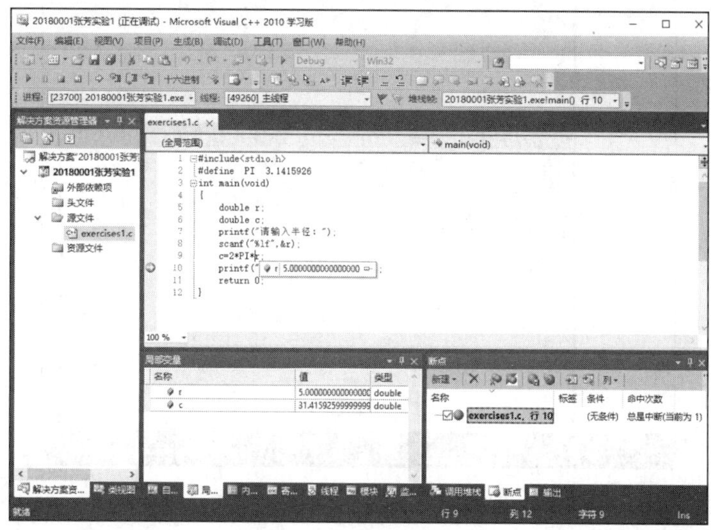

图 1.17　查看变量的值

Microsoft Visual C++ 2010 学习版还提供了一种“监视”机制用于查看变量和表达式的值。在断点状态下，在变量上右击，在弹出的快捷菜单中选择“快速监视”命令，或者按 Shift+F9 组合键，就可以在弹出的“快速监视”对话框中查看这个变量的值，如图 1.18 和图 1.19 所示。

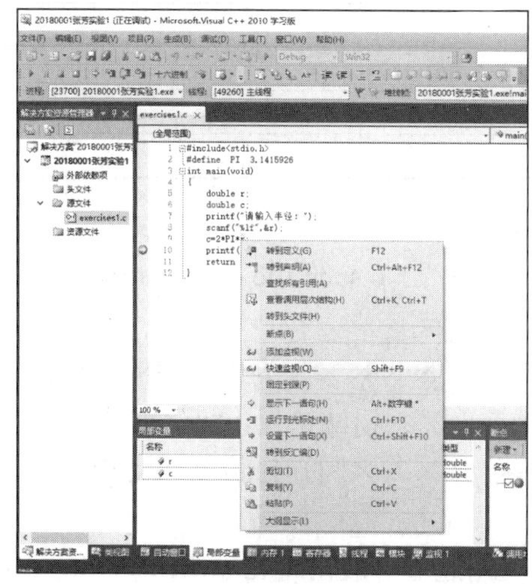

图 1.18　选择“快速监视”命令

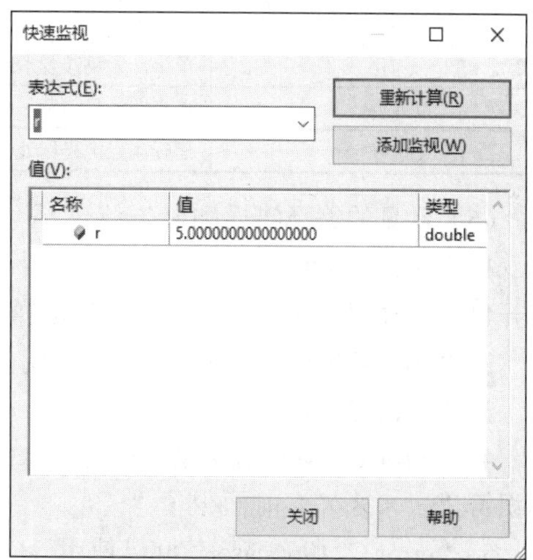

图 1.19　“快速监视”对话框

在断点中断的情况下，还可以通过下方的“局部变量”选项卡观察可见的变量值，如图 1.20 所示。

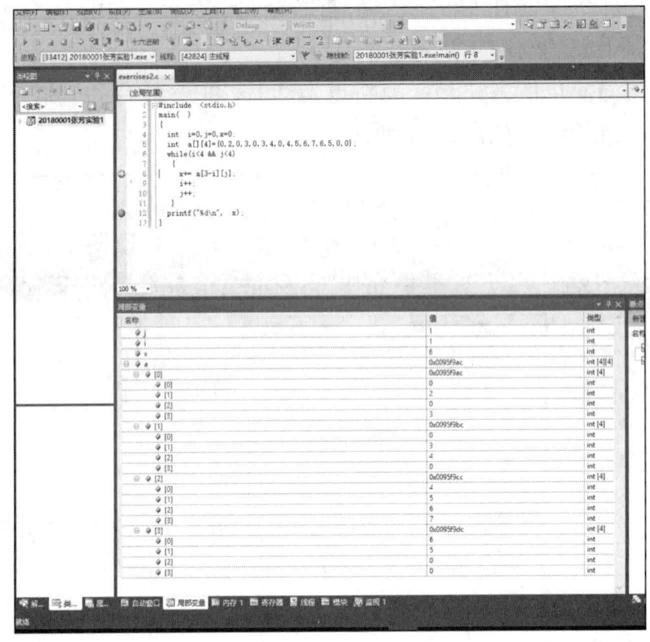

图 1.20 “局部变量”选项卡

（4）进程控制

Microsoft Visual C++ 2010 学习版允许被中断的程序继续运行、单步运行或运行到指定光标处，对应的快捷键分别是 F5、F10/F11 和 Ctrl+F10。各个快捷键的功能如表 1.1 所示。

表 1.1 各个快捷键的功能

快捷键	说明
F5	继续运行
F10	单步，如果涉及子函数，不进入子函数内部
F11	单步，如果涉及子函数，进入子函数内部
Ctrl+F10	运行到指定光标处

（5）常见的编译错误和警告信息

1）“error C1083: 无法打开包含文件:"××××.×": No such file or directory”：不能打开包含文件“××××.×”，没有这样的文件或目录。

2）“error C2065: "××××":未声明的标识符”：“××××”为未声明的标识符。

3）“error C2143: 语法错误:缺少";"（在"}"的前面）”：语法错误，“}”前缺少“;”。

4）“error C2146: 语法错误:缺少";"（在标识符"××××"的前面）”：语法错误，在标识符“××××”前面少了“;”。

5）“error C2196: case 值'9'已使用”：值 9 已经用过（一般出现在 switch 语句的 case 分支中）。

第 2 章　入门小程序

2.1　习题 2 答案

一、单项选择题

1. A　2. D　3. A　4. A　5. B　6. B　7. A　8. A

二、程序填空题

【1】	头文件 math.h	【6】	x 小于 y
【2】	数学函数	【7】	那么执行 m=x
【3】	fabs()、sqrt()	【8】	否则
【4】	将输入的内容存入 y	【9】	2
【5】	计算平方根		

2.2　补充习题

1．C 语言程序中预处理命令是在（　　）阶段之前执行的。

A．编辑　B．编译　C．运行　D．链接

2．#include<stdio.h>属于（　　）。

A．预处理命令　B．命令行　C．可执行部分　D．语句

3．printf()函数执行（　　）功能。

A．输入　B．输出　C．算术运算　D．逻辑运算

4．一个 C 语言程序最多能包含（　　）个主函数。

A．1　B．2　C．3　D．4

5．下面说法正确的是（　　）。

A．预处理命令属于程序的可执行部分

B．注释是 C 语言程序的必备部分

C．宏定义不属于预处理命令

D．C 语言程序从主函数开始执行

6．下面可以作为普通变量名称的是（　　）。

A．char　B．5rt　C．#rty　D．_ab

2.3 补充习题答案

1. B　2. A　3. B　4. A　5. D　6. D

2.4 实　　验

1. 编程实现从键盘输入半径，然后输出圆的周长。

【目的】通过此程序实现的全过程，掌握C语言程序的结构，逐步了解C语言程序的执行过程。

【内容】在开发工具中编辑、编译、运行下面的程序，最后给出至少1次运行结果。

【程序清单】

```
#include<stdio.h>
#define PI 3.1415926
int main(void)
{
    double r;
    double c;
    scanf("%lf",&r);
    c=2*PI*r;
    printf("输出周长值为：%lf",c);
    return 0;
}
```

【运行结果】

【说明】本题属于验证性题目，输入程序时要注意C语言程序的输入规范。

2. 编程实现从键盘输入长方形的长和宽，然后输出长方形的面积。

【目的】通过此程序实现的全过程，掌握C语言程序的结构，逐步了解C语言程序的执行过程。

【内容】修改下面的程序代码，并通过相关的编译环境进行编辑、编译、运行，最后给出至少1次运行结果。

【程序清单】

```
#include<stdio.h>
/********** found **********/
int main(void)
```

```
{
    int a,b,s;
    printf("请输入长和宽：");
    /********** found **********/
    scanf("%d",&a,&b);
    s=a*b;
    /********** found **********/
    printf("s=%d",);
    return 0;
}
```

【运行结果】

【说明】本题属于程序改错题，根据C语言程序的编写规范找出错误，并进行改正。

3．编程实现从键盘输入半径，然后输出圆的面积。

【目的】掌握C语言程序的组成结构。

【内容】编写代码并将此代码通过编译环境进行编辑、编译、运行，最后给出至少1次运行结果。

【程序清单】

【运行结果】

【说明】本题属于编程题，根据C语言程序的组成结构书写程序代码，并通过编译环境运行。

第 3 章　数值型数据

3.1　习题 3 答案

1．B　　2．A　　3．C　　4．D　　5．C　　6．C　　7．A　　8．A　　9．B
10．B　　11．A　　12．C　　13．D

3.2　补充习题

1．若“int a,b;”，则下面合法的赋值表达式是（　　）。
A．a=3+b　　B．3=a+b　　C．a+b=3　　D．a=3;=b

2．在 C 语言中，若“int a=15,b=4,c=6;”，则表达式 c+a/b+a%b 的值为（　　）。
A．8　　B．9　　C．12　　D．11

3．在 C 语言中，若“double a=5.2,b=4.0,c=2.0;”，则表达式 c+a/b*c 的值为（　　）。
A．4.6　　B．5　　C．4　　D．5.6

4．下列关于 sizeof 运算符组成的表达式中，错误的是（　　）。
A．sizeof(int)　　B．sizeof(a+b)　　C．sizeof a　　D．sizeof(a)

5．在 Microsoft Visual C++ 2010 学习版系统中，double 型变量分配（　　）字节。
A．4　　B．8　　C．2　　D．1

6．下列关于整型常量的八进制形式中，错误的是（　　）。
A．06　　B．0x9　　C．010　　D．012

7．下列关于整型常量的十六进制形式中，正确的是（　　）。
A．6　　B．09　　C．0x10　　D．0100

8．在 C 语言中，关于实数的定点格式，错误的是（　　）。
A．6.2　　B．0.　　C．0.0　　D．12

9．在 C 语言中，关于实数的指数格式，正确的是（　　）。
A．5.8　　B．5E−2　　C．5e　　D．5e0.1

10．在 C 语言中，数据类型有很多种，属于构造类型的是（　　）。
A．单精度实型　　B．字符型　　C．结构体类型　　D．整型

11．若“int a=2,b=0,c;”，则执行完“c=sizeof(a+b);”后，c 的值为（　　）。
A．4　　B．3　　C．2　　D．1

3.3　补充习题答案

1．A　2．C　3．A　4．C　5．B　6．B　7．C　8．D　9．B　10．C　11．A

3.4　实　　验

1．输入两门课的成绩，计算平均值。

【目的】通过该程序的运行和代码变化，掌握 C 语言中数据类型的不同对结果的影响。

【内容】输入下面的程序代码，编译并运行，给出运行结果。

【程序清单】

```
#include<stdio.h>
int main(void)
{
    int a;
    int b;
    int aver;
    scanf("%d%d", &a, &b);    //a 和 b 代表两门课的成绩
    aver=(a+b)/2;             //aver 代表平均值
    printf("输出两门课成绩的平均值为:%d", aver);
    return 0;
}
```

【运行结果】

将代码中三个变量的数据类型修改为 float 型，并且将代码中的%d 修改为%f，之后再次调试运行程序，查看前后两次的运行结果有什么区别。

思考：如果课程成绩数据类型设定为 int，平均值希望保留 1 位小数，代码应如何修改？修改之后运行程序并记录运行结果。

通过三组代码的对比理解 int 型数据和 float 型数据的区别。

【说明】本题的主要目的是探究选择不同的数据类型对结果的影响。

2．输入下面的程序代码并运行。

【目的】通过此程序的实现全过程，掌握 C 语言中 float 型数据和 double 型数据的

区别。

【内容】输入下面的程序代码并运行，给出运行结果。

【程序清单】

```
#include<stdio.h>
int main(void)
{
    float  a=3.14159265358979323846264 34;
    double  b=3.14159265358979323846264 34;
    printf("a=%f, b=%f\n", a, b);
    printf("a=%.17f, b=%.17f\n ", a, b);
    return 0;
}
```

【运行结果】

【说明】

1）按照%f 格式输出时，小数点后保留 6 位小数，可以通过%.nf 来调整显示的小数位数。

2）本题选取了圆周率来理解 float 型和 double 型的不同精度。

3．编写程序，计算 1+1/2+1/3+1/4+1/5 的值。

【目的】掌握编写 C 语言程序的方法，并按照相应格式编写代码。重点考虑数值型数据类型在程序编写过程中起到什么作用，数据类型之间的差异对结果的不同影响。

【内容】自己编写代码，并将此代码通过编译环境进行编辑、编译、运行，最后给出运行结果。

【程序清单】

【运行结果】

【说明】本题重点考虑表达式的结果需要保留小数，如果要保留小数，代码如何体现？

第 4 章　设计简单程序

4.1　习题 4 答案

一、单项选择题

1．C　　2．D　　3．A　　4．B　　5．A　　6．B　　7．C　　8．D

二、读程序写结果

a=123, b=456
x= □12.5, y=□□□12

三、程序填空题

【1】	【2】
&b	b

四、程序改错题

需要修改的行	正确内容
6	scanf("%d%d", &m,& n);
8	printf("m=%d,n=%d\n", m, n);

五、编程题

略。

4.2　补 充 习 题

一、单项选择题

1．一个算法应该具有“确定性”等 5 个特性，下列对另外 4 个特性的描述中错误的是（　　）。

A．有 0 个或多个输入　　　　B．有 0 个或多个输出
C．有穷性　　　　　　　　　D．可行性

2．若“int x=4.5, y;”，则表达式 y=3.0+x/2 的值为（　　）。

A．5.0　　B．5　　C．4　　D．4.0

3．若 x 为 int 型变量，则执行以下语句后，x 的值为（　　）。

```
x=6;
x+=(x-=x*x);
```

A．36　　B．-60　　C．60　　D．-24

4．若“int a=10;”，执行语句“a*=(1+2+3);”后，a 的值为（　　）。

A．15　　B．24　　C．33　　D．60

5．设 x、y 被定义为 int 型变量，若从键盘给 x、y 输入数据，正确的输入语句是（　　）。

A．scan("%d%d",&x,&y,&z);

B．scanf("%d%d",&x,&y);

C．scanf("%d%d",x,y);

D．scanf("%d%d,&x,&y");

6．下面程序的输出结果是（　　）。

```
#include<stdio.h>
int main(void)
{
   float d=3.2; int x,y;
   x=1.2;
   y=(int)(x+3.8)/5.0;
   printf("%f\n", d*y);
   return 0;
}
```

A．3.000000　　B．3.07000000　　C．0.000000　　D．3.200000

二、读程序写结果

阅读下面程序，写出运行结果__________。

```
#include<stdio.h>
int main(void)
{
   int a=3, b=5;
   a+=(a-=a*a);
   b*=b%=3;
   printf("a=%d,b=%d\n", a, b);
   return 0;
}
```

三、程序填空题

下面程序的运行结果如下：

```
15 4↙
15 % 4 = 3
```

请将程序补充完整。

```
#include<stdio.h>
int main(void)
{
    int a, b, c;
    scanf("______【1】______", &a, &b);
    c=a%b;
    printf("%d %% %d = %d\n", a, b,______【2】______);
    return 0;
}
```

四、程序改错题

给定程序的功能：从键盘输入任意两个实数给变量 x 和 y，输出 x、y 的值及二者的和。例如，如下的输入、输出结果：

```
请输入两个实数（空格间隔）：12.34 56.789↙
12.34 + 56.79 = 69.13
```

请改正程序中的错误，使程序输出正确的结果。

```
#include<stdio.h>
int main(void)
{
    double x, y;
    printf("请输入两个实数（空格间隔）：");
    /************found************/
    scanf("%f%f", &x, &y);
    /************found************/
    printf("%5.2f + %5.2f = %5.2f\n", x, y);
    return 0;
}
```

五、编程题

用温度计测量出以华氏法表示的温度（用 f 表示），现要求把它转换为以摄氏法表示的温度（用 c 表示）。转换计算公式如下：

$$c=\frac{5}{9}(f-32)$$

实现算法如下。

第一步：输入测量的华氏度 f 的值；

第二步：使用上述公式计算转换后的摄氏度 c 的值；

第三步：输出 c 的值，保留两位小数。

请用 C 语言编写实现此算法的程序，并运行、调试使其能得到正确的运行结果。例如，可以得到如下所示的运行结果：

```
请输入测量的华氏度：64.5↙
f=64.50
c=18.06
```

4.3 补充习题答案

一、单项选择题

1．B　2．B　3．B　4．D　5．B　6．C

二、读程序写结果

a=-12,b=4

三、程序填空题

【1】	【2】
%d%d	C

四、程序改错题

需要修改的行	正确内容
7	scanf("%lf%lf", &x, &y);
9	printf("%5.2f + %5.2f = %5.2f\n", x, y, x + y);

五、编程题

```
#include<stdio.h>
int main()
{
   double f, c;
   printf("请输入测量的华氏度：");
   scanf("%lf", &f);
   c=(5.0/9)*(f-32);
   printf("f=%7.2f\nc=%7.2f\n", f, c);
   return 0;
}
```

4.4 实　　验

1．计算并输出两个整数的和。

【目的】掌握 printf()函数输出整型数据的方法。

【内容】请把程序补充完整，并分析运行结果。

【程序清单】

```
#include<stdio.h>
int main(void)
{
   int a,b,sum;
   a=123;
   b=456;
   printf("sum is %d\n",sum);
   return 0;
}
```

【运行结果】

```
sum is 579
```

2．从键盘输入任意两个整数，计算并输出它们的和。

【目的】掌握使用 scanf()函数输入整型数据的方法，以及输入多个数值数据的间隔符［Space 键、Enter 键或制表符（Tab）］的用法。

【内容】请补充运行结果，并分析 3 次运行输入/输出结果与输入/输出格式控制的方法。

【程序清单】

```
#include<stdio.h>
int main(void)
{
    int a, b, sum;
    printf("请输入两个整数：");
    scanf("%d%d", &a, &b);
    sum=a+b;
    printf("%d+%d=%d\n", a, b, sum);
    return 0;
}
```

【运行结果】

第一次运行，用 Space 键分隔数据。

第二次运行，用 Enter 键分隔数据。

第三次运行，用制表符（Tab）分隔数据。

3．下面程序的功能是按照主教材例 4.2 给出的算法，实现任意两个整数的交换。

【目的】掌握两个变量交换的方法。

【内容】请将程序填写完整，并上机调试运行。

【程序清单】

```
#include<stdio.h>
int main(void)
{
    int a, b, c;
    printf("请输入两个整数：");
    scanf("%d%d", &a,_______【1】_______);
    printf("交换前：a=%d, b=%d\n", a, b);
    c=a;
    a=_______【2】_______;
    b=c;
    printf("交换后：a=%d, b=%d\n", a, b);
    return 0;
}
```

【运行结果】

```
请输入两个整数：300 500↙
交换前：a=300, b=500
交换后：a=500, b=300
```

4．下面程序的功能是输入两个整数和两个实数，计算并输出两个整数的商和两个实数的商，以及二者的和。

【目的】掌握数值型数据的运算规则。

【内容】请将程序填写完整并上机调试运行，得到相应的运行结果。

【程序清单】

```
#include<stdio.h>
int main(void)
{
    int a, b;
    double x, y;
    printf("请输入两个整数：");
    scanf("%d_______【1】_______", &a, &b);
    printf("请输入两个实数：");
    scanf("%lf_______【2】_______", &x, &y);
    printf("下面是输出：\n");
    printf(" %d/%d=%d\n", a, _______【3】_______, a/b);
    printf("%6.2f/%6.2f =%6.2f \n", x, y, x/y);
    printf("%d/%d+%6.2f/%6.2f=%f\n", a, b, x, y, a/b+x/y);
    return 0;
}
```

【运行结果】

```
请输入两个整数：45 10↙
请输入两个实数：45 10↙
下面是输出：
 45/10=4
 45.00/10.00 =4.50
 45/10+45.00/10.00=8.500000
```

5．下面程序的功能是根据父母的身高，预测子女成年后的身高。

【目的】掌握实型数据输入/输出格式的使用方法。

【内容】请将下面的程序修改正确，得到相应的运行结果。

【分析】子女成年后的身高受很多因素影响，本题目只根据性别及其父母的身高进行预测。假设父亲身高为 a（单位：cm），母亲身高为 b（单位：cm），那么子女成年后的身高预测公式如下。

男性子女成年后的身高（单位：cm）：

$$c=(a+b)\times 0.54$$

女性子女成年后的身高（单位：cm）：

$$d=\frac{a\times 0.923+b}{2}$$

【程序清单】

```
#include<stdio.h>
int main(void)
{
    double fa_height, mo_height, boy_height, girl_height;
    printf("请输入父亲的身高（单位：cm）：");
    /************found************/
    scanf("%lf", fa_height);
    printf("请输入母亲的身高（单位：cm）：");
    scanf("%lf", &mo_height);
    boy_height=(fa_height+mo_height)*0.54;      //男性子女成年后的身高
    girl_height=(fa_height*0.923+mo_height)/2;//女性子女成年后的身高
    /************found************/
    printf("\n 男性身高：%3.0 cm\n", boy_height);
    printf("女性身高：%3.0f cm\n\n", girl_height);
    return 0;
}
```

【运行结果】

```
请输入父亲的身高（单位：cm）：180↙
请输入母亲的身高（单位：cm）：160↙
男性身高：184 cm
女性身高：163 cm
```

6．下面程序的功能是依次计算下列各表达式。

1）x=a/b+d1/sqrt(d2)+fabs(−5)。

2）y=(double)a/b+ d1/sqrt(d2)+ fabs(−5)。

3）a+=b/d1+d2。

4）b+=a/=(int)(d1+d2)。

【目的】掌握各类表达式的运算，以及常用数学函数的使用方法。

【内容】请将程序填写完整并调试运行正确，得到相应的运行结果。

【程序清单】

```
#include<stdio.h>
#include<math.h>
int main(void)
{
    int a=2, b=3;
    double d1=1.0, d2=4.0, x, y;
    x=a/b+d1/sqrt(d2)+fabs(-5);







    return 0;
}
```

【运行结果】

```
计算结果输出:
x=5.500000, y=6.166667
a=1,b=4
```

第 5 章　程序流程控制基础与顺序结构

5.1　习题 5 答案

一、单项选择题

1. C　2. D　3. B　4. B　5. A　6. A

二、编程题

```
double  CR, BR, R1, R2;
printf("请输入两个电阻的阻值:");
scanf("%lf,%lf",&R1,&R2);
CR=R1+R2;
BR=(R1+R2)/R1*R2;
printf("串联总电阻=%f,并联总电阻=%f",CR,BR);
return 0;
```

5.2　补 充 习 题

一、单项选择题

1. C 语言的控制流程包含顺序结构、选择结构和（　　）。

A. 循环结构　B. 单分支结构　C. 双分支结构　D. 转向结构

2. 下面属于 C 语言循环控制结构语句的是（　　）。

A. if 语句　B. switch 语句　C. for 语句　D. 空语句

3. 若“int a=5,b;b=a++;”，则执行该操作后，a 和 b 的值分别为（　　）。

A. 5,5　B. 6,5　C. 6,6　D. 5,6

4. 在 C 语言中，若“int a=4,b=5;”，则表达式 a>b 的值为（　　）。

A. 0　B. 1　C. false　D. true

5. 在 C 语言中，若“int a=4,b=5;”，则表达式 a&&b 的值为（　　）。

A. 0　B. 1　C. false　D. true

6. 若“int a=1,b=2,c=3;”，则执行表达式(a=3)&&(b=0)&&(c=5)后，a、b、c 的值分别为（　　）。

A. 3,0,5　B. 1,2,3　C. 3,0,3　D. 1,0,5

7. 若“int a=3,b=6,c=8;”，则执行表达式(a=0)||(b=4)||(c=5)后，a、b、c 的值分别为（　　）。

A. 3,6,8　　B. 0,4,5　　C. 0,4,8　　D. 1,4,5

8. 下面不是 C 语言中逻辑运算符的是（　　）。

A. !　　B. &&　　C. ||　　D. +

9. 若“int a=6,b;b=--a;”，则执行该语句后，a 和 b 的值分别为（　　）。

A. 5, 5　　B. 5 ,4　　C. 4, 5　　D. 4, 4

10. 以下为空语句的是（　　）。

A. a=b;　　B. {t=a;a=b;b=t;}

C. scanf("%d",&a);　　D. ;

二、编程题

编程实现将一个 3 位整数的个位数、十位数、百位数分离出来，并将它们相加，最后输出结果。请将主函数的函数体部分写出。

```
#include<stdio.h>
int main(void)
{



}
```

5.3　补充习题答案

一、单项选择题

1. A　2. C　3. B　4. A　5. B　6. C　7. C　8. D　9. A　10. D

二、编程题

```
int a;
int b;
scanf("%d",&a);
b=a/100+a%100/10+a%10;
printf("b=%d", b);
return 0;
```

5.4 实　验

1．鸡兔同笼，笼中共有 m 个头，n 只脚，编写程序求鸡和兔子各有多少只。

【目的】掌握通过编译环境实现 C 语言程序的全过程。

【内容】将下面的程序代码通过编译环境进行编辑、编译、运行，并给出运行结果。

【程序清单】

```
#include<stdio.h>
int main()
{
    int m,n;
    int x,y;
    printf("请输入头数和脚数:");
    scanf("%d%d",&m,&n);
    x=________【1】________;
    y=________【2】________;
    printf("%d   %d",x,y);
    return 0;
}
```

【运行结果】

2．编程实现从键盘输入球半径，然后输出球的表面积和体积。

【目的】掌握通过编译环境实现 C 语言程序的全过程。

【内容】修改下面的代码，通过编译环境进行编辑、编译、运行，并给出运行结果。

【程序清单】

```
#include<stdio.h>
int main()
{
    double r;
    /**********found**********/
    int s,v;
    printf("请输入球半径：");
    scanf("%lf",&r);
    s=4*PI*r*r;
    v=4*PI*r*r*r/3;
    /**********found**********/
    printf("s=%f,v=%f,s,v");
    return 0;
}
```

【运行结果】

3．编程实现将华氏温度转换成摄氏温度。

【目的】掌握通过编译环境实现 C 语言程序的全过程。

【内容】请将下面的程序代码补充完整，通过编译环境进行编辑、编译、运行，并给出运行结果。

【程序清单】

```
#include<stdio.h>
int main()
{
    double_______【1】_______;
    printf("请输入华氏温度：");
    scanf("%lf",_______【2】_______);
    c=5*(f-32)/9;
    printf("摄氏温度为：%.2f",c);
    return 0;
}
```

【运行结果】

4．编程实现从键盘输入 3 门课的成绩，然后输出平均值。

【目的】掌握通过编译环境实现 C 语言程序的全过程。

【内容】编写此程序代码，将此代码通过编译环境进行编译、运行，并给出运行结果。

【程序清单】

【运行结果】

【说明】编写程序时应注意数据类型的选择。

5．编程实现从键盘输入梯形的上底、下底、高，然后求出梯形面积并输出。

【目的】掌握通过编译环境实现 C 语言程序的全过程。

【内容】编写此程序代码，将此代码通过编译环境进行编译、运行，并给出运行结果。

【程序清单】

【运行结果】

6．编程实现将 m 元分别按下面 3 种方法存入银行，计算一年后得到的本金与利息和：①活期年利率为 r1；②一年期定期，年利率为 r2；③两次半年期定期，年利率为 r3。

【目的】掌握通过编译环境实现 C 语言程序的全过程。

【内容】编写此程序代码，将此代码通过编译环境进行编译、运行，并给出运行结果。

【程序清单】

【运行结果】

7．编程实现计算并输出图 5.1 所示圆周阴影部分的面积，其中圆半径为 r，正方形边长为 r/3（程序实现时可以给出具体的 r 值）。

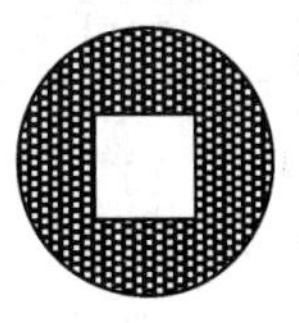

图 5.1　圆周

【目的】掌握通过编译环境实现 C 语言程序的全过程。

【内容】编写此程序代码，将此代码通过编译环境进行编译、运行，并给出运行结果。

【程序清单】

【运行结果】

第6章 选择结构

6.1 习题6答案

一、单项选择题

1. B　2. B　3. A　4. D　5. B

二、读程序写结果

1．30

2．x=1 y=0
　x=2

三、程序填空题

题目	【1】	【2】
1	max=c	min=b
2	(year%4==0 && year%100!=0)	—

四、程序改错题

题目	需要修改的行	正确内容
1	9	y=5*x+1;
	13	else if(5<=x&&x<10)
2	8	if(a%2==1)
	11	else

五、编程题

1．

```
#include<stdio.h>
int main(void)
{
    int a,b,c;
    int t;
    printf("请输入三个整数，以空格间隔：");
```

```
    scanf("%d%d%d",&a,&b,&c);
    if(a<b)
    {
        t=a; a=b; b=t;
    }
    if(a<c)
    {
        t=a; a=c; c=t;
    }
    if(b<c)
    {
        t=b; b=c; c=t;
    }
    printf("\n三个数从大到小的顺序为:%d %d %d.\n",a,b,c);
    return 0;
}
```

2.

```
#include<stdio.h>
int main(void)
{
    float h,w,t;
    printf("请输入身高(m)和体重(kg):");
    scanf("%f%f",&h,&w);
    t=w/(h*h);
    printf("\n您的BMI指数为: %.1f\n",t);
    if(t<18)
        printf("\n您的体型为: 低体重\n");
    else if(t<25)
        printf("\n您的体型为: 正常\n");
    else if(t<27)
        printf("\n您的体型为: 超重\n");
    else
        printf("\n您的体型为: 肥胖\n");
    return 0;
}
```

3.
略。

6.2 补充习题

一、单项选择题

1. 以下程序段的运行结果是（　　）。

```
int a=1,b=3,c;
```

```
if(a<b)  c=50;
else c=10;
printf("%d",c);
```

A. 1　　B. 3　　C. 50　　D. 10

2. 执行下面程序段后，x、y 和 z 的值分别是（　　）。

```
int x=1,y=1,z=0;
if(z=x)
   y=0;
printf("%d,%d,%d\n",x,y,z);
```

A. 1,1,0　　B. 1,0,1　　C. 1,0,0　　D. 1,1,1

3. 以下程序段的运行结果为（　　）。

```
int x=0;
if(x!=0)
   printf("****");
else
   printf("####");
```

A. ****　　B. 编译后有语法错误

C. ####　　D. ****####

4. 以下程序段的运行结果是（　　）。

```
int a, b, c;
a=10; b=20; c=30;
if(a>b&&c>b)
   a++;
printf("%d\n",a);
```

A. 10　　B. 20　　C. 11　　D. 30

5. 若“int a = 10,b = 20;”，则执行表达式(a > b) ? a ++:b --之后，b 的值是（　　）。

A. 10　　B. 11　　C. 19　　D. 20

6. 若“int d = 0, c = 0;”，则执行下面的语句后，d 的值是（　　）。

```
switch(++c)
{
   case 0: d=0;break;
   case 1:
   case 2: d+=1;
   case 3:
   case 4: d+=2;break;
   default: d+=3;
}
```

A. 6　　B. 1　　C. 0　　D. 3

7. 如果 A 是偶数，则以下表达式为真的是（　　）。

A. A%2 == 1　　B. A%2 == 0　　C. A == 2　　D. A % 2

8．以下语句与“if(a != 2) printf("%d\n", a);”等价的是（ ）。

A．if(a = 2) printf("%d\n", a);

B．if(a == 2) printf("%d\n", a);

C．if(a-2) printf("%d\n", a);

D．if((a-2) == 0) printf("%d\n", a);

9．若“int i = 5;”，则表达式(i == 2) ? i : i+1 的值为（ ）。

A．2 B．3 C．5 D．6

10．如果“double x = 2.5; int a = 2,b = 100;”，则以下选项正确的是（ ）。

A．

```
switch(a+b);
{
    case 1: printf("10");
    case 2: printf("100");
}
```

B．

```
switch(a)
{
    case1: printf("10");
    case2: printf("100");
}
```

C．

```
switch(x)
{
    case 1.0: printf("10");
    case 2.5: printf("100");
}
```

D．

```
switch(a+b)
{
    case 10+1: printf("10");
    case 100+2: printf("100");
}
```

二、读程序写结果

1．阅读下面程序，写出运行结果__________。

```
#include<stdio.h>
int main(void)
{
    int a=4,b=5,t;
    if(a<b)
        t=a, a=b, b=t;
    printf("%d,%d\n",a,b);
    return 0;
}
```

2．下面程序运行后，从屏幕输入 3 和 5，运行结果是__________。

```
#include<stdio.h>
int main(void)
{
    int x,y;
    scanf("%d%d",&x,&y);
    if(x>y)
        x+=2;
    else if(x<y)
```

```
        y+=x;
    else
        y=x;
    printf("%d,%d",x,y);
}
```

三、程序填空题

1. 输入一个整数，判断其能否同时被 2、3、5 整除，若能整除，输出 Y；若不能整除，输出 N。请将程序补充完整。

```
#include<stdio.h>
int main(void)
{
    int m;
    printf("请输入一个整数:");
    scanf("%d",&m);
    if(______【1】______)
        printf("Y\n");
    else
        printf("N\n");
    return 0;
}
```

2. 以下程序的功能是计算三角形面积，计算之前对输入的三条边进行检测，如果输入的值能构成三角形三边（两边之和大于第三边），则进行计算；如果不能构成三角形三边，则显示“输入数据不能构成三角形三边”。请将程序补充完整。

已知海伦公式为

$$area = \sqrt{s(s-a)(s-b)(s-c)}$$

其中，s=(a+b+c)/2。

```
#include<stdio.h>
#include<math.h>
int main(void)
{
    double a,b,c,s,area;
    printf(" \n 请输入三角形三边（空格间隔）: ");
    scanf("%lf%lf%lf",&a,&b,&c);        //输入三角形三边
    if(______【1】______)
    {
        s=(a+b+c)/2;                    //计算三角形半周长
        area=______【2】______;         //计算三角形面积
        printf(" \n 三角形面积=%6.2f\n\n",area);
    }
    else
        printf(" \n 输入数据不能构成三角形三边\n",area);
    return 0;
}
```

四、程序改错题

1. 以下程序要求输入百分制成绩，然后输出对应等级。5个等级A、B、C、D、E分别对应90～100、80～89、70～79、60～69、0～59。请将程序修改正确。

```
#include<stdio.h>
int main(void)
{
     int score;
     printf("请输入一个百分制分数：");
     /*********found*********/
     scanf("%d",&score);
     if(100<score>=90)
         printf("\n成绩等级为：A\n");
    else if(score>=80)
        printf("\n成绩等级为：B\n");
    else if(score>=70)
        printf("\n成绩等级为：C\n");
    /*********found*********/
    else if(score>=60)
        printf("\n成绩等级为：D\n");
    else(score<60)
        printf("\n成绩等级为：E\n");
    return 0;
}
```

2. 以下程序实现将两个数按从小到大的顺序输出。请改正程序中的错误，使程序能输出正确的结果。

```
#include<stdio.h>
int main(void)
{
     int a,b;
     int t;
     printf("请输入两个整数：");
     scanf("%d%d",&a,&b);
     /*********found*********/
     if(a>b)
    {
        t=a; b=a; b=t;
    }
    printf("%d,%d\n",a,b);
    return 0;
}
```

五、编程题

1. 编程实现输入一个数字（1～7），则输出对应星期几，输入其他数字则显示error。

2．假设某项税金按纳税额分阶梯计算。纳税额超过 10000 元的部分征 5%的税金，5000 元以上到 10000 元（含 10000 元）征 3%的税金，1000 元以上到 5000 元（含 5000 元）征 2%的税金，1000 元及以下免税。例如，纳税额是 7000 元，那么总税金将是 1000×0%+4000×2%+2000×3%=140 元。编写程序，计算并输出税金。

6.3 补充习题答案

一、单项选择题

1．C 2．B 3．C 4．A 5．C 6．D 7．B 8．C 9．D 10．D

二、读程序写结果

1．5,4

2．3,8

三、程序填空题

题目	【1】	【2】
1	m%2==0&&m%3==0&&m%5==0	—
2	(a+b>c)&&(b+c)>a&&(a+c)>b	sqrt(s*(s−a)*(s−b)*(s−c))

四、程序改错题

题目	需要修改的行	正确内容
1	8	score>=90&&score<=100
	17	else
2	11	t=a; a=b; b=t;

五、编程题

1．

```
#include<stdio.h>
int main(void)
{
    int n;
    printf("请输入星期几，以数字(1~7)表示:");
    scanf("%d",&n);
    switch(n)
    {
```

```
        case 1: printf("Mon");break;
        case 2: printf("Tue");break;
        case 3: printf("Wed");break;
        case 4: printf("Thu");break;
        case 5: printf("Fri");break;
        case 6: printf("Sat");break;
        case 7: printf("Sun");break;
        default: printf("error");break;
    }
    return 0;
}
```

2.

```
#include<stdio.h>
int main(void)
{
    double taxAmount, tax;
    double tta;
    printf("请输入货物纳税额：");
    scanf("%lf", &taxAmount);
    tta=taxAmount;
    tax=0;
    if (tta<0) {
        printf("错误的纳税额。\n");
    } else{
        if(tta>10000) {
            tax+=(tta-10000)*0.05;
            tta=10000;
        }
        if(tta>5000) {
            tax+=(tta-5000)*0.03;
            tta=5000;
        }
        if(tta>1000) {
            tax+=(tta-1000)*0.02;
            tta=1000;
        }
        //1000 及以下，免税
        printf("纳税额是%.2f，税额为：%.2f\n", taxAmount, tax);
    }

    return 0;
}
```

6.4 实　　验

1．输入两个整数，按照从大到小的顺序输出。

【目的】掌握交换两个变量的算法。

【内容】请将程序补充完整，以得到正确的运行结果。

【程序清单】

```
#include<stdio.h>
int main(void)
{
    int a,b,t;
    printf("请输入两个整数：");
    scanf("%d%d",&a,&b);




    printf("两个整数从大到小的顺序为：%d,%d",a,b);
    return 0;
}
```

【运行结果】

```
请输入两个整数：35  69↙
两个整数从大到小的顺序为：69,35
```

2．输入两个整数，按照从大到小的顺序输出。

【目的】体会花括号在复合语句中的作用，掌握选择结构的程序流程。

【内容】按照下面给出的程序代码修改题目 1 中的程序，重新编译、运行程序，观察运行结果。

【程序清单】

```
#include<stdio.h>
int main(void)
{
    int a,b,t;
    printf("请输入两个整数：");
    scanf("%d%d",&a,&b);
    if(a<b)
        t=a;
        a=b;
        b=t;
    printf("两个整数从大到小的顺序为：%d,%d",a,b);
```

```
    return 0;
}
```

【运行结果】

第一次运行：

```
请输入两个整数：35  69↙
两个整数从大到小的顺序为：69,35
```

第二次运行：

```
请输入两个整数：69  35↙
两个整数从大到小的顺序为： 35,2
```

【说明】第一次运行结果是正确的，但是第二次运行结果并不正确。这是因为去掉 if 语句的花括号后，程序的结构发生了根本变化。按照 C 语言的语法规定，去掉花括号后，原来复合语句中的 3 条语句被分成了两个部分，从而有了不同的归属。“a=b; b=t;”这两条语句归属于选择结构之后的顺序结构。图 6.1 和图 6.2 给出了去掉花括号前后的程序执行流程对比。

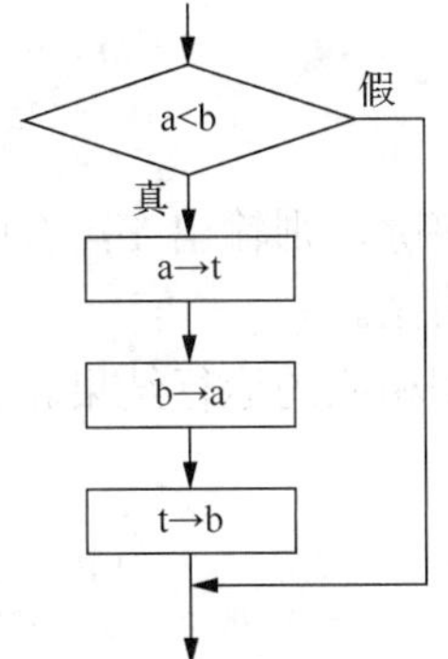

图 6.1 去掉花括号前的程序执行流程

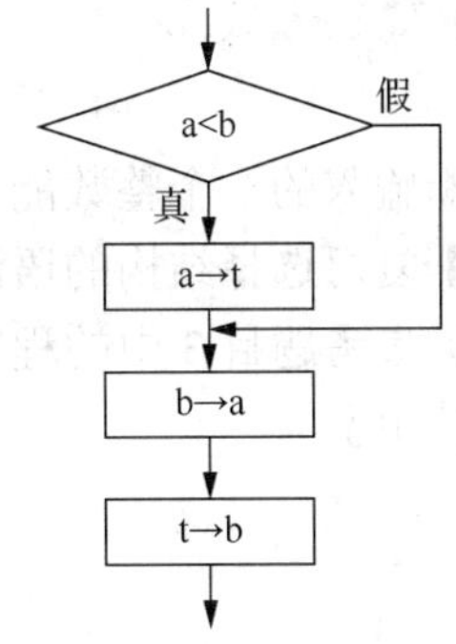

图 6.2 去掉花括号后的程序执行流程

按照图 6.2 的流程，当 a<b 为“真”时，程序执行语句“t=a;”，然后结束选择结构继续执行其后的顺序结构的两条语句“a=b;b=t;”；但是，当 a<b 为“假”时，程序跳过“t=a;”，结束选择结构后，仍然继续执行其后的顺序结构的两条语句“a=b;b=t;”。因此，当第二次运行程序时，将两个数交换顺序再次输入，测试表达式 a<b 为“假”，程序执行后，变量 b 的值赋给变量 a，变量 t 的值赋给变量 b，因为变量 t 没有被初始化，所以其值是不确定的随机值。由此可见，花括号在此处是不能省略的。

如果将程序中的代码段：

```
t=a;
a=b;
b=t;
```

用以下逗号表达式替换：

```
t=a,a=b,b=t;
```

则原来的 3 条语句变成了 1 条语句。此时，去掉花括号不会对程序结构有任何影响。

3．判断输入的一个整数能否同时被 5 和 8 整除，若能整除，则输出 Y，否则输出 N。

【目的】复习选择结构的语法和条件表达式的正确写法。

【内容】请将下面的程序补充完整，以得到相应的运行结果。

【程序清单】

```
#include<stdio.h>
int main(void)
{
    int k;
    printf("请输入一个整数");
    scanf("%d",&k);
    if(____【1】____)
      printf("Y\n");
    else
      printf("N\n");
    return 0;
}
```

【运行结果】

```
请输入一个整数：27↙
N
```

4．判断输入的一个整数能否被 5 或 8 整除，若能整除，则输出 Y，否则输出 N。

【目的】复习选择结构的语法和条件表达式的正确写法。

【内容】参考题目 3 中的程序代码，编写程序以得到相应的运行结果。

【程序清单】

【运行结果】

5．已知银行存款不同期限对应的年利率如下：

$$年利率=\begin{cases}2.25\%，期限1年\\2.43\%，期限2年\\2.70\%，期限3年\\2.88\%，期限5年\\3.0\%，\ \ 期限8年\end{cases}$$

计算存款本金和。

【目的】熟悉 switch 语句，巩固数学算式的正确写法。

【内容】使用 switch 语句编写程序。要求输入存钱的本金和期限，计算到期时利息与本金的总额（注：存款总额计算公式为 $a=p(1+r)^n$，其中 a 为到期存款总额，p 为最初存入本金，r 为存款利率，n 为储蓄年份）。

【程序清单】

【运行结果】

6．输入一个百分制成绩，输出对应等级。5 个等级 A、B、C、D、E 分别对应 90～100、80～89、70～79、60～69、0～59。

【目的】复习多分支结构的语法。

【内容】用 if-else 语句编写程序，要求百分制成绩从键盘输入。调试程序，并得到正确的运行结果。

【程序清单】

【运行结果】

第 7 章 循环结构

7.1 习题 7 答案

一、单项选择题

1. B　2. B　3. B　4. B　5. C　6. C　7. A　8. B

二、读程序写结果

1. 6　12　18

2. 6　5　2

三、程序填空题

题目	【1】	【2】
1	double sum = 0.0	j = -j
2	row <= m	col <= n

四、程序改错题

题目	需要修改的行	正确内容
1	6	for(i=1;i<=100;i++)
	9	if(i%4==0&&i%7==0)
2	10	for(i = 3;i <=n;i++)
	15	if(i % j == 0) break;

五、编程题

1.

```
#include<stdio.h>
int main(void)
{
    int i,j;
    double p,s=0;
    for(i=2;i<=10;i+=2)
    {
```

```
    p=1;
    for(j=1;j<=i;j++)
       p=p*j;
    s=s+p;
   }
   printf("s=%.0f", s);
   return 0;
}
```

2.

```
#include<stdio.h>
int main(void)
{
   int n,i;
   int sum=0;
   printf("请输入整数n: ");
   scanf("%d",&n);
   for(i=2;i<=n-1;i++)
   if(n%i==0) sum=sum+i;
   printf("所有约数之和为: %d\n", sum);
   return 0;
}
```

7.2 补充习题

一、单项选择题

1. 下面程序段执行后，s 的值为（　　）。

```
int k,s=1;
for(k=1;k<=5;++k)
   s=s*k;
```

A. 5　　B. 6　　C. 120　　D. 1

2. 下面程序段的运行结果是（　　）。

```
int k,s=0;
for(k=1;k<=10;)
   s=s+k;k++;
printf("%d",s);
```

A. 1+2+3+…+10　　B. 10
C. 11　　D. 死循环无法输出

3. 下面程序段的运行结果是（　　）。

```
int n=5;
```

```
while(--n>=2)
    printf("%d",n);
```

A. 4321　　B. 432　　C. 43　　D. 4

4. 下面程序段的运行结果是（　　）。

```
#include<stdio.h>
int main(void)
{
    int a=1,m=0;
    while(a-->=0) m++;
    printf("%d,%d\n",a,m);
    return 0;
}
```

A. -2,2　　B. 0,1　　C. -1,2　　D. -1,1

5. 下面程序段的运行结果是（　　）。

```
#include<stdio.h>
int main(void)
{
    int x=6;
    while(x>0)
    {
        x+=5;
        if(x>15)
        {printf("%2d",x);break;}
    }
    return 0;
}
```

A. 11　　B. 15　　C. 16　　D. 6

6. 下面程序段的运行结果是（　　）。

```
#include<stdio.h>
int main(void)
{
    int i=50;
    while(2)
    {   i=i%50+1;
        if(i>50) break;
    }
    printf("%d",i);
    return 0;
}
```

A. 1　　B. 99

C. 100　　D. 死循环，无输出

二、读程序写结果

1. 阅读下面程序，写出运行结果________。

```
#include<stdio.h>
int main(void)
{
    int i=1,j=2,k=3;
    do
    {
        if(i%j==0&&i%k==0)
        { printf("%d\n",i);
          break;
        }
        i++;
    } while(1);
    return 0;
}
```

2. 阅读下面程序，写出运行结果________。

```
#include<stdio.h>
int main(void)
{
    int i;
    for(i=1;i<=5;i++)
    {
        if(i%2)            printf("#");
        else               continue;
        printf("*");
    }
    printf("$");
    return 0;
}
```

3. 阅读下面程序，写出运行结果________。

```
#include<stdio.h>
int main(void)
{
    int a=0,i;
    for(i=1;i<5;i++)
    {
        switch(i)
        {case 0:
         case 3: a+=2;
         case 1:
         case 2: a+=3;
         default: a+=5;
        }
```

```
    }
    printf("%d\n",a);
    return 0;
}
```

三、程序填空题

1. 以下程序实现输出 1～100 中的素数，并统计输出素数的个数。请将程序补充完整。

```
#include<stdio.h>
#include<math.h>
int main(void)
{
    int i,j,k,count=0;
    for(i=1;i<=100;i++)
    {
        k=sqrt(i);                  //求 i 的平方根
        for(j=2;____【1】____;j++)
            if (i%j==0)       break;
        if(j>k)
            {printf("%3d\n", i);____【2】____;}
    }
    printf("\n 共有%d 个素数\n",count);
    return 0;
}
```

2. 以下程序实现输出如下三角形图形。请将程序补充完整。

```
*
**
***
****
*****
```

```
#include<stdio.h>
int main(void)
{
    int i,j;
    for(i=1;____【1】____;i++)
    {
        for(j=1;____【2】____;j++)
            printf("*");
        printf("\n");
    }
    return 0;
}
```

3. 以下程序实现从键盘输入整数 n，计算数列的和，s=1+1/(1+2)+1/(1+2+3)+…+1/

(1+2+3+4+⋯+n)。请将程序补充完整。

```
#include<stdio.h>
int main(void)
{
    int i,n;
    float s=1.0,t=1.0;
    printf("请输入整数 n:");
    scanf("%d",&n);
    for(i=2;____【1】____;i++)
    {
        t=t+i;
        ____【2】____;
    }
    printf("s=%f\n", s);
    return 0;
}
```

四、程序改错题

1．以下程序实现求所有水仙花数（水仙花数是指一个三位数，该数的各位上数字的立方和等于该数本身。例如，153 是一个水仙花数，因为 $1^3+5^3+3^3=153$），并统计水仙花数的个数。请改正程序中的错误，使程序能输出正确的结果。

```
#include<stdio.h>
int main(void)
{
    int i,j,k,n;
    int count=0;
/************found************/
    for(n=100;n<=999;++n)
    {
        i=n/10;
        j=(n/10)%10;
        k=n/100;
/************found************/
        if(i*i*i+j*j*j+k*k*k=n)
        {
            printf("%d 是一个水仙花数。\n", n);
            count++;
        }
    }
    printf("\n 共有%2d 个水仙花数。\n", count);
    return 0;
}
```

2．以下程序实现求级数的和，s=1/(1×2)+1/(2×3)+⋯+1/[n(n+1)]。请改正程序中的错误，使程序能输出正确的结果。

```
#include<stdio.h>
int main(void)
{
    int n,i;
    double s=0.0;
    printf("请输入 n: ");
    scanf("%d", &n);
/***********found***********/
    for(i=1;i<=n;i++)
        s=s+1.0/(i(i+1));
/***********found***********/
    printf("s =%d\n", s);
    return 0;
}
```

五、编程题

1．从键盘任意输入若干数，输入 0 结束，计算所有正整数的和、偶数的个数。

2．求 1～30 中能被 3 或 7 整除的数的平方和。

3．某人向一个年利率为 5%的账号存入人民币 1000 元，假设存款所产生的利率仍然存入同一账号，请计算并输出 10 年内每年年底这个账号中的存款总额。每年年底存款总额的计算公式为 $a=p(1+r)^n$。

7.3 补充习题答案

一、单项选择题

1．C　2．D　3．B　4．A　5．C　6．D

二、读程序写结果

1．6

2．#*#*#*$

3．31

三、程序填空题

题目	【1】	【2】
1	j <= k	count++
2	i <= 5	j <= i
3	i<=n	s=s+1/t

四、程序改错题

题目	需要修改的行	正确内容
1	9	i=n%10;
	13	i*i*i+j*j*j+k*k*k==n
2	10	s = s + 1.0 /(i *(i + 1));
	12	printf("s =%f\n", s);

五、编程题

1.

```
#include<stdio.h>
int main(void)
{
    int x,s=0,count=0;
    scanf("%d",&x);
    while(x!=0)
        {if(x>0)
            s=s+x;
         if(x%2==0)
            count++;
         scanf("%d",&x);
        }
    printf("正整数的和为：%d.偶数的个数为：%d",s,count);
}
```

2.

```
#include<stdio.h>
int main(void)
{
    int i,sum=0;
    for(i=1;i<=30;i++)
    if(i%3==0||i%7==0)
        sum=sum+i*i;
    printf("sum=%d\n",sum);
    return 0;
}
```

3.

```
#include<stdio.h>
#include<math.h>
int main(void)
{
    double a,r=0.05;
    int p,year;
    printf("请输入本金：");
```

```
    scanf("%d",&p);
    for(year=1;year<=10;year++)
    {
        a=p*pow(1.0+r,year);
        printf("\n%4d%20.2f\n",year,a);
    }
    return 0;
}
```

7.4 实　　验

1. 计算 5 的阶乘（5!）。

【目的】掌握 for 循环语句的用法。

【内容】请将程序补充完整，以得到相应的运行结果。

【程序清单】

```
#include<stdio.h>
int main(void)
{
    int i,product;



    printf("product=%d\n", product);
    return 0;
}
```

【运行结果】

```
product=120
```

2. 计算整数 n 的阶乘并输出。

【目的】巩固 for 循环语句的用法。

【内容】编写并运行程序，从键盘输入整数 n，以得到相应的运行结果。

【程序清单】

【运行结果】

3．把一个非零整数的各位分解后倒序输出。例如，若输入为6582，则输出2 8 5 6。

【目的】巩固while循环语句，掌握分解一个整数的算法。

【内容】分解一个整数的算法：每次取本次循环的数的“个位”显示，然后通过整除10将该数右移去掉个位后形成新的整数，则原来的“十位”变成了新的“个位”，依次类推，直到这个数被分解完。由于这个整数是随机输入的，位数不能确定，因此分解的次数不能确定，只要这个数没有分解完，就要继续执行循环操作。请将程序补充完整，运行程序，得到相应结果。

【程序清单】

```
#include<stdio.h>
int main(void)
{
    int n;
    int remainder;
    printf("请输入整数n：");
    scanf("%d",&n);
    while(___【1】___)
    {
        remainder=n%10;
        printf("%d ",remainder);
        n=___【2】___;
    }
    return 0;
}
```

【运行结果】

```
请输入整数n：6582↙
2 8 5 6
```

4．求数列的和sum=1+2+3+…+n，n通过键盘输入。

【目的】掌握循环结构的流程，解决死循环问题。

【内容】将程序中的错误改正，以得到正确的运行结果。

【程序清单】

```
#include<stdio.h>
int main(void)
{
    int i=1,n;
/************found************/
    int sum;
    scanf("%d",&n);
/************found************/
    while(i<=n)
        sum=sum+i;
```

```
        i++;
    printf("sum=%d\n", sum);
    return 0;
}
```

【运行结果】

```
100
sum=5050
```

5．假设在银行定期存款 1 万元，年利率为 3.25%，求多少年后本息合计可达到或超过 2 万元。

【目的】掌握 break 语句的使用。

【内容】将程序补充完整，以得到相应的运行结果。

【程序清单】

```
#include<stdio.h>
int main(void)
{
    double x=10000,r=0.0325;
    int i=0;
    while(1)
    {
        x=x*(1+r);
        i++;
        ____【1】____
    }
    printf("%d 年后，存款超过 2 万元\n",i);
    return 0;
}
```

【运行结果】

```
22 年后，存款超过 2 万元
```

6．输出乘法口诀表。

【目的】巩固嵌套循环结构。

【内容】编写程序，在屏幕上输出乘法口诀表。

```
1*1=1  1*2=2   1*3=3   1*4=4   1*5=5   1*6=6   1*7=7   1*8=8   1*9=9
2*1=2  2*2=4   2*3=6   2*4=8   2*5=10  2*6=12  2*7=14  2*8=16  2*9=18
3*1=3  3*2=6   3*3=9   3*4=12  3*5=15  3*6=18  3*7=21  3*8=24  3*9=27
4*1=4  4*2=8   4*3=12  4*4=16  4*5=20  4*6=24  4*7=28  4*8=32  4*9=36
5*1=5  5*2=10  5*3=15  5*4=20  5*5=25  5*6=30  5*7=35  5*8=40  5*9=45
6*1=6  6*2=12  6*3=18  6*4=24  6*5=30  6*6=36  6*7=42  6*8=48  6*9=54
7*1=7  7*2=14  7*3=21  7*4=28  7*5=35  7*6=42  7*7=49  7*8=56  7*9=63
8*1=8  8*2=16  8*3=24  8*4=32  8*5=40  8*6=48  8*7=56  8*8=64  8*9=72
9*1=9  9*2=18  9*3=27  9*4=36  9*5=45  9*6=54  9*7=63  9*8=72  9*9=81
```

【程序清单】

【运行结果】

7. 使用辗转相除法求最大公约数。

【目的】巩固对求最大公约数算法的掌握。

【内容】请将程序中的错误改正，以得到相应的运行结果。

【程序清单】

```
#include<stdio.h>
int main(void)
{
    int m,n,t,r;
    printf("请输入两个整数: ");
    scanf("%d%d",&m,&n);
    if(m<n)
        t=m,m=n,n=t;
/************found************/
    r=m%n;
    while(r=0)
/************found************/
    {
        m=n;
        n=r;
        r=m/n;
    }
    printf("最大公约数是: %d",n);
    return 0;
}
```

【运行结果】

8. 利用循环计算 x 的 n 次方并输出。

【目的】巩固对循环结构的掌握。

【内容】编写并运行程序，从键盘输入 x 和 n 的值，以得到相应的运行结果。

【程序清单】

【运行结果】

第 8 章　函　　数

8.1　习题 8 答案

一、单项选择题

1．B　　2．C　　3．B　　4．D　　5．A　　6．C　　7．D　　8．D　　9．B
10．A　　11．D

二、读程序写结果

1．20　8
2．x = 5,y = 9
3．5,15

三、程序填空题

题目	【1】	【2】
1	n	t
2	i	k
3	a % b	b

四、程序改错题

需要修改的行	正确内容
14	cmn = GetFact(m) / (GetFact(n) * GetFact(m − n));
23	long y = 1;

五、编程题

1．

```
int i;
long y=1;
if(n<0)
    return -1;
else
{
```

```
    for(i=1; i<=n; i++)
        y=y*i;
    return y;
}
```

2.

略。

8.2 补充习题

一、单项选择题

1．函数由（　　）组成。

A．函数首部和函数体

B．函数名、函数类型、函数参数名和函数参数类型

C．主函数和子函数

D．函数的声明部分和执行部分

2．函数调用在程序中出现的位置一般有 3 种方式，下面叙述错误的是（　　）。

A．函数调用可以作为一个函数的实参

B．函数调用可以作为一个函数的形参

C．函数调用可以作为独立的语句存在

D．函数调用可以出现在表达式中

3．对于如下的函数定义：

```
void Fun(void)
{
   ...
}
```

下面叙述正确的是（　　）。

A．调用该函数时，可以带实参

B．调用该函数时，不可以带实参

C．调用该函数时，必须带实参

D．调用该函数时，可以带实参也可以不带实参

4．对于如下的函数定义：

```
void Fun(void)
{
   ...
}
```

下面叙述正确的是（　　）。

A．调用该函数时，没有返回值

B. 调用该函数时，可以将函数值输出

C. 该函数调用可以作为表达式的运算量

D. 可以把函数调用的返回值赋给变量

5. 对于如下的函数定义：

```
1:  int GetMax(int x, y)
2:  {
3:      int z;
4:      z=x>y?x:y;
5:      return(z);
6:  }
```

有错误的程序行是（　　）。

A. 1　　B. 3　　C. 4　　D. 5

6. 运行下面的程序，输出结果是（　　）。

```
#include<stdio.h>
int Fun(int u, int v );
int main(void)
{
    int c, a=2, b=6;
    c=Fun(a, b);
    printf("%d\n", c);
    return 0;
}
int Fun(int u, int v)
{
    int w;
    w=u+v;
    return w;
}
```

A. 6　　B. 7　　C. 8　　D. 9

7. 运行下面的程序，输出结果是（　　）。

```
#include<stdio.h>
void Fun(int);
int main(void)
{
    Fun(6);
    printf("\n");
    return 0;
}
void Fun(int x)
{
    if(x/2>0) Fun(x/2);
    printf("%d", x);
}
```

A. 1　3　6　　B. 6　3　1　　C. 1　6　3　　D. 6　1　3

二、读程序写结果

1. 如果运行时输入 4 和 5，则下面程序的运行结果是__________。

```
#include<stdio.h>
int Fun(int n);
int main(void)
{
    int a, b;
    scanf("%d%d", &a, &b);
    printf("%d,%d\n", Fun(a), Fun(b));
    return 0;
}
/* 定义函数 Fun()*/
int Fun(int n)
{
    if(n==1)  return 1;
    else return(n+Fun(n-1));
}
```

2. 阅读下面的程序，写出运行结果__________。

```
#include<stdio.h>
void Fun(int, int);
int main(void)
{
    int a=10, b=20;
    Fun(a, b);
    printf("%d,%d\n", a, b);
    return 0;
}
/* 定义函数 Fun()*/
void Fun(int x, int y)
{
    int t;
    t=x;
    x=y;
    y=t;
    printf("%d,%d,", x, y);

}
```

三、程序填空题

1. 以下程序是将输入的一个整数反序输出，如输入 1234，则输出 4321；输入-1234，则输出-4321。请将程序补充完整。

```
#include<stdio.h>
void PrinTopp(long int n);
```

```
int main(void)
{
    long int n;
    printf("请输入一个整数：");
    scanf("%ld", &n);
    printf("%ld 逆序的数：", n);
    PrinTopp(n);
    printf("\n");
    return 0;
}
/*实现把整数 n 各位数字逆序输出*/
void PrinTopp(long int n)
{
    int i=0;
    if(n==0)
        return;
    else
        while(n!=0)
        {
            if(______【1】______)
                printf("%ld", n % 10);
            else
                printf("%ld", -n % 10);
            i++;
            n/=______【2】______;
        }
}
```

2．在下面程序中，函数 Fun()的功能是求出区间[m, n]中能被 3 整除的数并输出。例如，输入 1 和 100，则运行结果如下：

```
请输入两个整数（空格间隔）：1 100↙
   3    6    9   12   15   18   21   24   27   30
  33   36   39   42   45   48   51   54   57   60
  63   66   69   72   75   78   81   84   87   90
  93   96   99
```

请将程序补充完整。

```
#include<stdio.h>
void Fun(int m, int n);
int main(void)
{
    int a, b;
    printf("请输入两个整数（空格间隔）：");
    scanf("%d%d", &a, &b);
    if(a<b)
        Fun(a, b);
    else
        Fun(b, a);
```

```
    printf("\n");
    return 0;
}
/*输出 m~n 之间能被 3 整除的数*/
void Fun(int m, int n)
{
    int i,j=0;
    for(i=m; i<=_______【1】_______; i++)
        if(_______【2】_______)
        {
            printf ("%5d", i);
            j++;
            if(j%10==0)printf("\n");
        }
}
```

3．求斐波那契数列 1，1，2，3，5，8，13，…的前 n（n>1）个数（数列中的每一个数都是它的前两个数之和）。请将程序填写完整。

```
#include<stdio.h>
void GetFibn(int);
int main(void)
{
    int n;
    printf("请输入要计算的项数 n = ");
    scanf("%d", &n);
    printf("斐波那契数列的前%d 项如下：\n", n);
    GetFibn(n);
    return 0;
}
/*计算并输出斐波那契数列的前 n 项*/
void GetFibn(int n)
{
    int i, f1=1, f2=1, f3;
    printf("%12d%12d", f1, f2);
    for(i=3;i<=n;i++)
    {
        f3=_______【1】_______;
        printf("%12ld",_______【2】_______);
        f1=f2;
        f2=f3;
        if(i%5==0) printf("\n");
    }
}
```

四、程序改错题

给定程序中函数 GetFac()的功能是计算 n!。例如，n 输入值为 5，运行结果如下：

```
请输入非负整数 n:5↙
5! =120.000000
```

请改正程序中的错误，使程序能输出正确的结果。

```
#include<stdio.h>
double GetFac(int n);
int main(void)
{
    int n;
    printf("请输入非负整数 n:");
    scanf("%d", &n);
    printf("\n%d! =%lf\n", n, GetFac(n));
    return 0;
}
/* 计算n! */
double GetFac(int n)
{
    /************found************/
    double result;
    if(n==0||n==1)
        return 1.0;
    while(n>1)
        result*=n--;
    /************found************/
    return;
}
```

五、编程题

编写函数 GetSum()的定义部分，要求实现计算 1+2+3+…+n 之和的功能。当输入 100 时，得到如下运行结果：

```
请输入一个整数 n: 100↙
1+2+3+…+100 = 5050
```

```
#include<stdio.h>
int GetSum(int n);
int main(void)
{
    int n, s;
    printf("请输入一个整数 n: ");
    scanf("%d", &n);
    s=GetSum(n);
    printf("\n1+2+3+…+%d = %d\n", n, s);
    return 0;
}
int GetSum(int n)
```

```
{



}
```

8.3 补充习题答案

一、单项选择题

1．A　2．B　3．B　4．A　5．A　6．C　7．A

二、读程序写结果

1．10,15

2．20,10,10,20

三、程序填空题

题目	【1】	【2】
1	n > 0 || i == 0	10
2	n	i % 3 == 0
3	f1+f2	f3

四、程序改错题

需要修改的行	正确内容
15	double result = 1.0;
21	return result;

五、编程题

```
int i, sum=0;
for(i=1; i<=n; i++)
   sum+=i;
return sum;
```

8.4 实　　验

1．从键盘输入 4 个整数，并找出其中的最大值。

【目的】掌握函数调用方法，了解通过代码复用提高函数利用率的方法。

【内容】请将程序补充完整，以得到正确的运行结果。

【程序清单】

```
#include<stdio.h>
int GetMax(int x, int y);
int main(void)
{
  int a, b, c, d, max_val;
  printf("请输入 4 个整数: ");
  scanf("%d%d%d%d", &a, &b, &c, &d);
  max_val=GetMax(GetMax(a, b), GetMax(c, d));
  printf("\n 找出的最大值是:%d\n", max_val);
  return 0;
}
/*求两个数中的较大值*/
int GetMax(int x, int y)
{
    int z;




    return(z);
}
```

【运行结果】

```
请输入 4 个整数: 10 30 50 20↙
找出的最大值是:50
```

2. 计算并输出斐波那契数列的前 n 项。

【目的】掌握用递归函数计算斐波那契数列第 n 项的方法，复习递归函数设计方法。

【内容】分析当输入 4 或者 6 时程序的运行结果。

【程序清单】

```
#include<stdio.h>
long GetFibn(int n);
int main(void)
{
   int i, n;
   printf("请输入要计算的项数 n=");
   scanf("%d", &n);
   for(i=1; i<=n; i++)
   printf(" 斐波那契数列第%d 项=%ld\n", i, GetFibn(i));
   printf("\n");
   return 0;
}
/*计算斐波那契数列第 n 项*/
long GetFibn(int n)
```

```
{
    long fibn;
    if(n==1||n==2)
        fibn=1;
    else
        fibn=GetFibn(n-2)+GetFibn(n-1);
    return fibn;
}
```

【运行结果】

3．计算 sum=x!+y!+z!。

【目的】掌握用函数求阶乘的方法，复习模块化程序设计。

【内容】把程序补充完整并运行程序，以得到正确的运行结果。

【程序清单】

```
#include<stdio.h>
long GetFact(int n);            //GetFact()函数原型声明
int main(void)
{
    int x, y, z;
    long sum;
    do
    {
        printf("请输入3个非负整数的值(空格间隔): ");
        scanf("%d%d%d", &x, &y, &z);
    }while(x<0||y<0||z<0);
    sum=GetFact(x)+GetFact(y)+________【1】________;
    printf("\n %d! + %d! + %d! = %ld\n",x, y, z,sum);
    return 0;
}
/*计算n!*/
long GetFact(int n)
{
    int i;
    long result=________【2】________;
    for(i=1; i<=n; i++)
        result*=i;
    return ________【3】________;
}
```

【运行结果】

```
请输入3个非负整数的值(空格间隔): 3 5 7↙
3! + 5! + 7! = 5166
```

4. 利用函数计算 x^n，其中x为实型，n为整型。

【目的】掌握用函数计算 x^n 的方法，复习函数调用形参的个数与类型的匹配原则。

【内容】把程序补充完整并运行程序，以得到正确的运行结果。

【程序清单】

```
#include<stdio.h>
double GetPower(double x, int n);
int main(void)
{
     double x,pow_valu;
    int n;
    printf("请输入实型数x的值：");
    scanf("%lf", &x);
    printf("请输入非负整数n的值：");
    scanf("%d",_______【1】_______);
    pow_valu=_______【2】_______;
    printf("\n Power(%.2f, %d) = %.2f\n",x, n, pow_valu);
    return 0;
}
/*计算x的n次方*/
double GetPower(double x,int n)
{
    int i;
      double pow_valu=1.0;
      for(i=1; i<=n; i++)
        pow_valu*=_______【3】_______;
    return pow_valu;
}
```

【运行结果】

```
请输入实型数x的值：3.6↙
请输入非负整数n的值：4↙
Power(3.60, 4) = 167.96
```

5. 输出非负整数m和n（m<n）之间的所有素数。

【目的】掌握用函数实现任意正整数n（n>2）是否为素数的判定，注意函数定义、函数声明、函数调用的区别与联系，复习函数嵌套调用。

【内容】请将下面的程序修改正确并运行程序，以得到正确的运行结果。

【程序清单】

```
#include<stdio.h>
#include<math.h>
#define BOOL int
#define TRUE 1
#define FALSE 0
/********** found **********/
```

```
void FindPrime(int m, n);
BOOL IsPrime(int n);
int main(void)
{
    int m, n;
    do
    {
       printf("请输入 2 个非负整数的值(空格间隔): ");
       scanf("%d%d", &m, &n);
    }while(m<0||n<0||m>n); //控制输入数据的有效性
    printf("\n %d 与 %d 之间的所有素数如下: \n", m, n);
    /********** found **********/
    FindPrime(int m, n);     //调用 FindPrime()函数，找出给定区间内的素数
    printf("\n\n");
    return 0;
}
/*找出非负整数 m 和 n 之间的所有素数，并输出*/
void FindPrime(int m, int n)
{
    int i, count=0;
    for(i=m; i<=n; i++)
    {
       if(IsPrime(i)==TRUE)        //调用 IsPrime()函数，判断 i 是否为素数
       {
          printf("%6d", i);
          count++;                 //累计素数的个数
          if(count%10==0)          //控制每行输出 10 个数
             printf("\n");
       }
    }
    return;
}
/*判断 n 是否为素数，若是返回 TRUE，否则返回 FALSE */
BOOL IsPrime(int n)
{
    int i, k;
    k=(int)sqrt(n);
    for(i=2; i<=k; i++)
       if(n%i==0) return FALSE;
    return TRUE;
}
```

【运行结果】

```
请输入 2 个非负整数的值(空格间隔): 30 50↙
30 与 50 之间的所有素数如下:
   31    37    41    43    47
```

6. 用辗转相除法求两个正整数 m 和 n 的最大公约数。

【目的】掌握用函数求解任意正整数的最大公约数的方法，复习辗转相除求最大公

约数的算法。

【内容】下面的程序中，函数 GetGCDivisor(int m, int n)的功能是用辗转相除法求两个正整数 m 和 n 的最大公约数。请把程序补充完整并调试运行程序，以得到正确的运行结果。

【程序清单】

```
#include<stdio.h>
int GetGCDivisor(int m, int n);
int main(void)
{
  int a, b, greatest_com_divisor;
  do
  {
      printf("请输入第 1 个大于零的整数:");
      scanf("%d", &a);
      printf("请输入第 2 个大于零的整数:");
      scanf("%d", &b);
  }while(a<=0||b<=0);//控制输入数据的有效性
  greatest_com_divisor=GetGCDivisor(a, b);  //求最大公约数
  printf("\n%d 和 %d 的最大公约数是: %d\n", a, b, greatest_com_divisor);
  return 0;
}
/*用辗转相除法求 a 和 b 的最大公约数*/
int GetGCDivisor(int m, int n)
{




}
```

【运行结果】

```
请输入第 1 个大于零的整数:152↙
请输入第 2 个大于零的整数:96↙
152 和 96 的最大公约数是:8
```

7. 用非递归方法计算并输出斐波那契数列的前 n 项，控制每行输出 5 个数。

【目的】掌握用循环编写函数计算斐波那契数列前 n 项的方法，复习函数的设计方法。

【内容】下面的程序中，函数 GetFibn(int n)的功能是用非递归方法计算并输出斐波那契数列的前 n 项。请把程序补充完整并调试运行程序，以得到正确的运行结果。

【程序清单】

```
#include<stdio.h>
void GetFibn(int);
int main(void)
{
    int n;
    printf("请输入要计算的项数 n = ");
    scanf("%d", &n);
```

```
    printf("斐波那契数列的前%d 项如下：\n", n);
    GetFibn(n);
    return 0;
}
/*计算并输出斐波那契数列的前 n 项*/
void GetFibn(int n)
{




}
```

【运行结果】

```
请输入要计算的项数 n = 15
斐波那契数列的前 15 项如下：
           1           1           2           3           5
           8          13          21          34          55
          89         144         233         377         610
```

8．利用递归方法设计函数计算 x^n，其中 x 为实型，n 为整型。

【目的】掌握用递归方法设计函数计算 x^n。

【内容】下面的程序中，函数 GetPower(double x,int n)的功能是用递归方法计算 x^n。请把程序补充完整并调试运行程序，以得到正确的运行结果。

【程序清单】

```
#include<stdio.h>
double GetPower(double x, int n);
int main(void)
{
    double x,pow_valu;
    int n;
    printf("请输入实型数 x 的值：");
    scanf("%lf", &x);
    printf("请输入非负整数 n 的值：");
    scanf("%d", &n);
    pow_valu=GetPower(x, n);
    printf("\n Power(%.2f, %d) = %.2f\n",x, n, pow_valu) ;
    return 0;
}
/*计算 x 的 n 次方*/
double GetPower(double x,int n)
{






}
```

【运行结果】

```
请输入实型数 x 的值：2↙
请输入非负整数 n 的值：3↙
Power(2.00, 3) = 8.00
```

第9章　数　　组

9.1　习题9答案

一、单项选择题

1．C　2．C　3．B　4．A　5．C　6．B　7．C　8．B　9．D
10．C

二、读程序写结果

1．0　9　8　7

2．1　3　5　7

3．a[1][1]=2
   a[1][2]=3
   a[1][3]=4

4．8, 7, 6,

三、程序填空题

题目	【1】	【2】
1	f[0]=f[1]=1	f[i]=f[i−1]+f[i−2]
2	pos = 0	max = a[i]
3	a[i][i]=1	a[i][j]=a[i−1][j−1]+a[i−1][j]

四、程序改错题

需要修改的行	正确内容
6	int a[8]={1, 2, 3, 4, 5, 6, 7, 8};
18	int GetSum(int a[ ], int n)

五、编程题

```
/*对数组a中前n个元素的值按由小到大的顺序排序*/
void sort(int a[], int n)
{
    int i, j, k, t;
```

```
    for(i=0; i<n-1; i++)
    {
        k=i;
        for(j=i+1; j<n; j++)
            if(a[j]<a[k])
                k=j;
        if(i!=k)
        {t=a[i]; a[i]=a[k];  a[k]=t;}
    }
    return ;
}
```

9.2 补 充 习 题

一、单项选择题

1．下面关于一维数组的定义中，正确的是（　　）。

A．float a[5+6];　　B．int n, a[n];

C．float a[5.2];　　D．int a[3]=1,2,3;

2．假设一个 int 型变量占用 4 字节，若定义“int a[30] = { 1, 2, 3, 4, 5 };”，则数组 a 在内存中占用的字节数是（　　）。

A．10　　B．20　　C．30　　D．120

3．与一维数组初始化语句“float a[ ] = {0, 0, 1, 2, 0};”等价的是（　　）。

A．float a[ ] = { 0, 0, 1, 2 };　　B．float a[5] = { 0, 0, 1, 2, };

C．float a[ ] = {1, 2};　　D．float a[5] = {1, 2};

4．下面程序段运行后，输出结果是（　　）。

```
int x[6]={2, 4, 6, 8, 10};
printf("%d\n", x[1]+x[5]);
```

A．2　　B．4　　C．12　　D．不确定

5．下面程序段运行后，输出结果是（　　）。

```
#include<stdio.h>
int main(void)
{
    int a[8]={1, 2, 3, 4, 5, 6, 7, 8}, i, count=0;
    for(i=0; i<8; i+=1)
        if(a[i]%2)
            count++;
    printf("%d ", count);
    return 0;
}
```

A．3　　B．4　　C．5　　D．6

6．下面程序段运行后，输出结果是（　　）。

```
#include<stdio.h>
int main(void)
{
    int a[8]={1, 2, 3, 4, 5, 6, 7, 8}, i, sum=0;
    for(i=1; i<8; i+=2)
        sum+=a[i];
    printf("%d ", sum);
    return 0;
}
```

A．15　　B．16　　C．20　　D．35

7．下面程序段运行后，输出结果是（　　）。

```
#include<stdio.h>
int main(void)
{
    int a[5]={1, 2, 3, 4, 5}, b[3]={0}, i;
    for(i=0; i<3; i++)
        b[i]=a[i]+i;
    for(i=0; i<3; i++)
        printf("%d ", b[i]);
    return 0;
}
```

A．1　2　3　　B．1　3　5　　C．2　4　6　　D．6　6　6

8．以下有关二维数组的定义中，正确的是（　　）。

A．int a[4][ ] = {1,2,3,4,5,6};　　B．int a[ ][3];

C．int a[ ][3] = {1,2,3,4,5,6};　　D．int a[ ][ ] = {{1,2,3},{4,5,6}};

9．若定义“int x[3][3] = {1, 2, 3, 4, 5, 6, 7, 8, 9}, i;”，则下面程序段的输出结果是（　　）。

```
for(i=0; i<3; i++)
    printf("%2d", x[i][2-i]);
```

A．1　4　7　　B．3　5　7　　C．1　5　9　　D．3　6　9

10．若定义“int k[ ][4]={{1}, {2, 3}, {4, 5, 6}, {7, 8, 9,10}};”，则数组共有（　　）个元素。

A．10　　B．12　　C．16　　D．20

11．下面程序段运行后，输出结果是（　　）。

```
#include<stdio.h>
int main(void)
{
    int x[3][3]={1, 2, 3, 4, 5, 6, 7, 8, 9}, i, sum=0;
    for(i=0; i<3; i++)
        sum+=x[i][0];
```

```
    printf("%d\n", sum);
    return 0;
}
```

A. 12　　B. 14　　C. 15　　D. 18

12. 下面程序段运行后，输出结果是（　　）。

```
#include<stdio.h>
int main(void)
{
    int x[4][4], i, j, s=0;
    for(i=0; i<3; i++)
       for(j=0; j<3; j++)
          x[i][j]=i+j;
    for(i=0; i<4; i++)
       s+=x[i][i];
    printf("%2d ", s);
    return 0;
}
```

A. 6　　B. 12　　C. 14　　D. 不确定

二、读程序写结果

1. 阅读下面程序，写出运行结果________。

```
#include<stdio.h>
int main(void)
{
    int i, a[4]={1};
    for(i=1; i<4; i++)
        a[i]=a[i-1]*2+1;
    for(i=0; i<4; i++)
        printf("%d ", a[i]);
    return 0;
}
```

2. 阅读下面程序，写出运行结果________。

```
#include<stdio.h>
int main(void)
{
    int a[10]={1, 2, 3, 4, 1, 1, 2, 2, 3, 1};
    int c[5]={0}, i;
    for(i=0; i<10; i++)
        c[a[i]]++;
    for(i=1; i<5; i++)
        printf("%d ", c[i]);
    return 0;
}
```

3．阅读下面程序，写出运行结果________。

```
#include<stdio.h>
int main(void)
{
    int a[8]={2, 9, 7, 8, 6, 1, 4, 5};
    int i, j, k, t;
    for(i=0; i<7; i++)
    {
        k=i;
        for(j=i+1; j<8; j++)
            if(a[j]>a[k])
                k=j;
        if(i!=k)
        {
            t=a[i];
            a[i]=a[k];
            a[k]=t;
        }
    }
    for(i=0; i<4; i++)
        printf("%2d", a[i]);
    printf("\n");
    return 0;
}
```

4．阅读下面程序，写出运行结果________。

```
#include<stdio.h>
int main(void)
{
    int x[4][4], n=0, i, j;
    for(j=0; j<4; j++)
        for(i=3; i>=j; i--)
        {
            n++;
            x[i][j]=n;
        }
    i=3;
    for(j=0; j<=i; j++)
        printf("%d  ", x[i][j]);
    printf("\n");
    return 0;
}
```

三、程序填空题

1．下面程序的功能是求一维数组 a 中 5 个元素的平均值，请将程序填写完整。

```
#include<stdio.h>
```

```
double GetAverage(int a[], int n);
int main(void)
{
    int a[5]={1, 2, 3, 4, 5};
    double ave;
    ave=________【1】________;
    printf("平均值是：%.1lf\n", ave);
    return 0;
}
double GetAverage(int a[], int n)
{
    int i, sum=0;
    for(i=0; i<n ; i++)
        ________【2】________;
    return (double)sum/n;
}
```

2. 下面程序的功能是利用二分查找法在 10 个数中查找 x，请将程序填写完整。

```
#include<stdio.h>
int Search(int a[], int n, int x);
int main(void)
{
    int a[10]={3, 4, 7, 9, 10, 12, 16, 21, 23, 26};
    int i, x, p;
    printf("初始数据如下：\n");
    for(i=0; i<10; i++)
        printf("%d ", a[i]);
    printf("\n请输入要查找的数：");
    scanf("%d", &x);
    p=Search(a, 10, x);
    if(________【1】________)
        printf("在数组中的第 %d 个位置 \n", p + 1 );
    else
        printf("未找到!\n");
    return 0;
}
int Search(int a[], int n, int x)
{
    int low=0, high=n-1, mid;
    while(low<=high)
    {
        mid=(low+high)/2;
        if(x<a[mid])
            high=mid-1;
        else if(x>a[mid])
            ________【2】________;
        else
            return mid;
    }
```

```
    return -1;
}
```

3. 下面程序的功能是求矩阵 a 的转置矩阵 b 并将其输出，请将程序填写完整。

```
#include<stdio.h>
#define M 3
#define N 4
int main(void)
{
    int a[M][N]={{1, 2, 3, 4}, {5, 6, 7, 8}, {9, 10, 11, 12}}, i, j;
    ______【1】______;
    for(i=0; i<N; i++)
        for(j=0; j<M; j++)
        ________【2】________;
    printf("转置后的矩阵 b: \n");
    for(i=0; i<N; i++)
    {
        for(j=0; j<M; j++)
            printf("%3d", b[i][j]);
        printf("\n");
    }
    return 0;
}
```

4. 下面程序的功能是求二维数组中所有元素的和，请将程序填写完整。

```
#include<stdio.h>
int fun(int a[][4]);
int main(void)
{
    int x[3][4], i, j, sum;
    printf("请输入二维数组(%d 行%d 列): \n", 3, 4);
    for(i=0; i<3; i++)
        for(j=0; j<4; j++)
            scanf("%d", &x[i][j]);
    sum=______【1】______;
    printf("sum=%d\n", sum);
    return 0;
}
int fun(int a[][4])
{
    int i, j, s=0;
    for(i=0; i<3; i++)
        for(j=0; j<4; j++)
            s+=______【2】______;
    return s;
}
```

四、程序改错题

给定程序中函数GetSum()的功能：求方阵次对角线上各元素的和。请改正程序中的错误，以输出正确的结果。

```
#include<stdio.h>
int GetSum(int a[][4]);
int main(void)
{
    int a[4][4]={1,2,3,4,5,6,7,8,9,0,1,2,3,4,5,6};
    int i, j, sum;
    printf("4*4 方阵为：\n");
    for(i=0; i<4; i++)
    {
        for(j=0; j<4; j++)
            printf("%-4d", a[i][j]);
        printf("\n");
    }
    /************found************/
    GetSum(a);
    printf("方阵次对角线上各元素的和为：%d\n", sum);
    return 0;
}

/************found************/
int GetSum(int a[][])
{
    int i, sum=0;
    for(i=0; i<4; i++)
        sum+=a[i][3-i];
    return sum;
}
```

五、编程题

下面程序的功能：通过键盘输入一个班学生的人数（不超过30人）及学生3门课程的成绩，求每门课程的最高分。请将程序填写完整，使之得到如下运行结果：

```
请输入当前班级的实际人数：3
请输入3名学生3门课程（英语、数学、语文）的成绩：
请输入第1名学生3门课程的成绩：85 96 74
请输入第2名学生3门课程的成绩：75 86 90
请输入第3名学生3门课程的成绩：84 92 79
您输入的学生成绩如下：
学生      英语      数学      语文
stu1      85        96        74
stu2      75        86        90
stu3      84        92        79
```

```
3 门课程的最高分分别为:
英语      数学    语文
 85       96      90
```

```
#include<stdio.h>
#define STUD 30
void Input(int a[][3],int n);
void Print(int a[][3],int n);
void GetMax(int a[][3], int max[], int n);
void PrintMax(int max[], int n);
void main(void)
{
    int score[STUD][3], max[3],n;
    printf("请输入当前班级的实际人数: ");
    scanf("%d",&n);
    printf("\n 请输入%d 名学生 3 门课程(英语、数学、语文)的成绩: \n",n);
    Input(score,n);
    printf("\n 您输入的学生成绩如下: \n");
    Print(score,n);
    GetMax(score, max, n);
    PrintMax(max, 3);
}
/*函数功能: 输入学生 3 门课程的成绩*/
void Input(int a[][3],int n)
{
    int i, j;
    for(i=0; i<n; i++)
    {
        printf("请输入第%d 名学生 3 门课程的成绩: ", i+1);
        for(j=0; j<3; j++)
            scanf("%d", &a[i][j]);
    }
}
/*函数功能: 输出学生 3 门课程的成绩*/
void Print(int a[][3],int n)
{
    int i, j;
    printf("学生\t 英语\t 数学\t 语文\n");
    for(i=0; i<n; i++)
    {
       printf("stu%-2d\t",i+1);
       for(j=0; j<3; j++)
           printf("%4d\t", a[i][j]);
       printf("\n");
    }
}
/*函数功能: 求每门课程的最高分*/
void GetMax(int a[][3], int max[], int n)
```

```
{




}
/*函数功能：输出每门课程的最高分*/
void PrintMax(int max[], int n)
{
    int i, j;
    printf("\n3 门课程的最高分分别为：");
    printf("\n 英语\t 数学\t 语文\n");
    for(i=0; i<n; i++)
    {
        printf("%4d\t", max[i]);
    }
    printf("\n");
    return;
}
```

9.3 补充习题答案

一、单项选择题

1. A　2. D　3. B　4. B　5. B　6. C　7. B　8. C　9. B
10. C　11. A　12. D

二、读程序写结果

1. 1 3 7 15
2. 4 3 2 1
3. 9 8 7 6
4. 1　5　8　10

三、程序填空题

题目	【1】	【2】
1	GetAverage(a, 5)	sum += a[i]或 sum=sum+a[i]
2	p != −1	low = mid + 1
3	int b[N][M]	b[i][j] = a[j][i]
4	fun(x)	a[i][j]

四、程序改错题

需要修改的行	正确内容
15	sum=GetSum(a);
21	int GetSum(int a[][4])

五、编程题

```
/*函数功能：求每门课程的最高分*/
void GetMax(int a[][3], int max[], int n)
{
    int i, j;
    for(i=0; i<3; i++)
    {   max[i]=a[0][i];
        for(j=0; j<n; j++)
            if( a[j][i]>max[i])
                max[i]=a[j][i];
    }
    return;
}
```

9.4 实　　验

1．一维数组的输入/输出。

【目的】掌握利用循环输入/输出一维数组的方法。

【内容】请将下面的程序补充完整，以得到相应的运行结果。

【程序清单】

```
#include<stdio.h>
int main(void)
{
    int i, a[10];
    printf("请输入 10 个整数：\n");
    for(i=0; i<10; i++)
        scanf("%d",________【1】________);
    printf("您输入的 10 个整数是：\n");
    for(i=0; i<10; i++)
        printf("%d  ",________【2】________;
    printf("\n");
    return 0;
}
```

【运行结果】

```
请输入 10 个整数:
```

```
1 2 3 4 5 6 7 8 9 0↙
您输入的10个整数是:
1 2 3 4 5 6 7 8 9 0
```

2. 计算并输出斐波那契数列的前10项。

【目的】掌握一维数组的初始化及利用循环为数组元素赋值并输出数组元素的方法。

【内容】请将程序修改正确，以得到相应的运行结果。

【程序清单】

```
#include<stdio.h>
#define N 10
int main(void)
{
    /******************found*******************/
    int i;
    int f[N]=1, 1;
    /******************found*******************/
    for(i=2; i<N; i++)
        f[i]=f[i]+f[i-1];
    for(i=0; i<N; i++)
        printf("f[%d]=%d\n", i, f[i]);
    return 0;
}
```

【运行结果】

```
f[0]=1
f[1]=1
f[2]=2
f[3]=3
f[4]=5
f[5]=8
f[6]=13
f[7]=21
f[8]=34
f[9]=55
```

3. 输入一个班学生（不超过30人）某门课程的成绩，并输出不及格的成绩和人数。

【目的】掌握利用一维数组实现批量数据处理的方法，复习利用一重循环访问一维数组的方法。

【内容】请将程序填写完整，以得到相应的运行结果。

【程序清单】

```
#include<stdio.h>
#define N 30
int main(void)
{
    int a[N], n, i, count;
```

```
        【1】        ;
    printf("请输入实际学生数（<=30）：");
    scanf("%d",&n);
    printf("请输入%d 名学生的成绩：", n);
    for(i=0; i<n; i++)
        scanf("%d", &a[i]);
    printf("\n 不及格的成绩如下：\n");
    for(i=0; i<n; i++)
        if(a[i]<60)
        {printf("%d ", a[i]);
                【2】        ;
        }
    printf("\n 共有不及格学生 %d 名。\n", count);
    return 0;
}
```

【运行结果】

```
请输入实际学生数（<=30）：5 ↙
请输入 5 名学生的成绩：87 78 90 54 58 ↙
不及格的成绩如下：
54 58
共有不及格学生 2 名。
```

4．输入一个班学生（不超过 30 人）某门课程的成绩（以负数作为输入数据结束的标志），并输出该班学生的总分和平均分。

【目的】掌握利用一维数组实现批量数据处理的方法，复习利用一重循环访问一维数组的方法。

【内容】请将程序填写完整，以得到相应的运行结果。

【程序清单】

```
#include<stdio.h>
#define N 30
int main(void)
{
    int a[N], i=0, sum=0;
    double ave;
    do
    {
        printf("请输入成绩：");
        scanf("%d",&a[i]);
        if(a[i]<0)
                【1】        ;
        sum+=a[i];
        i++;
    }while(1);
    ave=        【2】        ;
    printf("\n 总分=%d，平均分=%.2lf\n", sum, ave);
```

```
    return 0;
}
```

【运行结果】

```
请输入成绩：82
请输入成绩：85
请输入成绩：90
请输入成绩：-1
总分=257，平均分=85.67
```

5．计算一维数组中所有元素的最大值。

【目的】掌握求一维数组最值的算法。

【内容】请将程序修改正确，以得到相应的运行结果。

【程序清单】

```
#include<stdio.h>
#define N 8
int main()
{   /******************found*******************/
    int a[N]={7, 9, 4, 3, 6, 2, 5, 1}, i ;
    int m;
    /******************found*******************/
    for(i=1; i<N; i++)
        if(max<a[i])
            max=a(i);
     printf("最大值是：%d \n",  max);
}
```

【运行结果】

```
最大值是：9
```

6．计算银行的一笔10万元的存款（年利率为5%）多少年后可以变为20万元。请将每年的收益存入数组中并输出。

【目的】掌握利用一维数组存储并输出数据的方法。

【内容】请将程序填写完整，以得到相应的运行结果。

【程序清单】

```
#include<stdio.h>
int main(void)
{
    float s, a[100];
    int i=1;
    for(s=10;________【1】________; i++)
    {
        s=s*(1+0.05);
        ________【2】________;
        printf("第%d 年收益为%f 万元\n", i, a[i]);
    }
```

```
    return 0;
}
```

【运行结果】

```
第 1 年收益为 10.500000 万元
第 2 年收益为 11.025000 万元
第 3 年收益为 11.576250 万元
第 4 年收益为 12.155063 万元
第 5 年收益为 12.762815 万元
第 6 年收益为 13.400956 万元
第 7 年收益为 14.071004 万元
第 8 年收益为 14.774554 万元
第 9 年收益为 15.513282 万元
第 10 年收益为 16.288946 万元
第 11 年收益为 17.103394 万元
第 12 年收益为 17.958563 万元
第 13 年收益为 18.856491 万元
第 14 年收益为 19.799316 万元
第 15 年收益为 20.789282 万元
```

7. 将 3 和 20 之间的所有素数存放到一维数组中并输出。

【目的】掌握利用一维数组存储并输出数据的方法。

【内容】请将程序填写完整，以得到相应的运行结果。

【程序清单】

```
#include<stdio.h>
#include<math.h>
#define N 20
int main(void)
{
    int a[N], i, j, k, flag, count=0;
    for(i=3; i<=20; i++)
    {
        flag=0;
        k=sqrt(i);
        for(j=2; j<=k; j++)
            if(_______【1】_______)
            {
                flag=1;
                break;
            }
        if(flag==0)
        {
            _______【2】_______;
            printf("a[%d]=%d\n", count, a[count]);
            count++;
        }
    }
```

```
    return 0;
}
```

【运行结果】

```
a[0]=3
a[1]=5
a[2]=7
a[3]=11
a[4]=13
a[5]=17
a[6]=19
```

8. 分析并验证程序的执行结果。

【目的】掌握一维数组的初始化及向函数传递一维数组的方法。

【内容】请将下面的程序补充完整，以得到相应的运行结果。

【程序清单】

```
#include<stdio.h>
void fun(int b[]);
int main(void)
{
    int a[]=______【1】______,i;
    fun(a);
    for(i=0; i<8; i++)
    {
        if(______【2】______)
            printf("\n");
        printf("%d ", a[i]);
    }
}
void fun(int b[])
{
    int i;
    for(i=0; i<4; i++)
    {
        b[i]=2*b[i]+1;
    }
}
```

【运行结果】

```
3 5 7 9
5 6 7 8
```

9. 利用二分查找法在一维数组中查找整数 x。

【目的】掌握向函数传递一维数组的方法及二分查找法。

【内容】请将程序填写完整，以得到相应的运行结果。

【程序清单】

```
#include<stdio.h>
```

```
#define N 8
int bisearch(int a[],int key);
int main(void)
{
    int i,a[N]={11,22,33,44,55,66,77,88},x,find;
    printf("请输入要查找的数：");
    scanf("%d",&x);
    find=bisearch(a,x);
    if(_____【1】_____)
        printf("没找到 %d! \n",x);
    else
        printf("a[%d]=%d\n",find,x);
    return 0;
}
int bisearch(int b[], int key)
{
    int low,high,mid;
    low=0;
    high=N-1;
    while(low<=high)
    {
        mid=_____【2】_____;
        if(key<b[mid])
            high=mid-1;
        else if(key>b[mid])
            low=mid+1;
        else
            return mid;
    }
    return -1;
}
```

【运行结果】

第一次运行：

```
请输入要查找的数：11↙
a[0]=11
```

第二次运行：

```
请输入要查找的数：20↙
没找到20!
```

10．模拟评委打分的过程，求一名参赛选手一组成绩的最后得分。规则：去掉一个最高分和一个最低分，求其余成绩的平均分。

【目的】掌握数据排序的算法，掌握一维数组求平均值的方法。

【内容】请将程序填写完整，并调试运行，以得到相应的运行结果。

【程序清单】

```
#include<stdio.h>
```

```
#define N 10
void Sort(int a[], int n);
double GetAverage(int a[], int n);
int main(void)
{
    int a[N], i, n;
    double ave;
    printf("请输入实际评委数(<=10): ");
    scanf("%d", &n);
    printf("请输入%d位评委的成绩: \n", n);
    for(i=0; i<n; i++)
        scanf("%d", &a[i]);
    Sort(a, n);
    printf("按由小到大排序后的成绩如下: \n");
    for(i=0; i<n; i++)
        printf("%d  ", a[i]);
    ave=GetAverage( a, n );
    printf("\n该名选手的最后得分为: %.2lf \n", ave);
    return 0;
}
/*对数组a中的前n个元素按从小到大的顺序排序*/
void Sort(int a[], int n)
{




}
/*去掉数组a中首尾元素(去掉一个最高分和一个最低分)后求平均分*/
double GetAverage(int a[], int n)
{
    int i, sum=0;
    for(i=1; i<n-1; i++)
        sum+=a[i];
    return (double)sum/(n-2);
}
```

【运行结果】

```
请输入实际评委数(<=10): 7 ↙
请输入7位评委的成绩:
95 94 90 87 82 96 92 ↙
按由小到大排序后的成绩如下:
82 87 90 92 94 95 96
该名选手的最后得分为: 91.60
```

【说明】将每位评委的打分存储到一维数组中，按由小到大的顺序排序后，求中间元素（去掉第1个和最后1个元素）的平均值即可。

第 10 章　字符与字符串

10.1　习题 10 答案

一、单项选择题

1. C　2. B　3. B　4. B　5. D　6. B　7. D　8. D　9. D

二、读程序写结果

1．A:2, a:8, Other:2
2．agoodstudent!
3．bbcABCbbc

三、程序填空题

题目	【1】	【2】
1	str[i] != '\0'	tolower(str[i])或者 str[i] + 32
2	str[i] != str[j]	printf("No!\n")

四、程序改错题

需要修改的行	正确内容
7	while((str[i] = getchar()) != '\n')
11	str[i] = '\0';

五、编程题

```
int i;
for(i=0; str1[i]!='\0'&&str2[i]!='\0'; i++)
    if(str1[i]!=str2[i])
        break;
return (str1[i]-str2[i]);
```

10.2 补 充 习 题

一、单项选择题

1．以下选项中，不属于字符常量的是（　　）。

A．'C'　　B．"C"　　C．'\xcc'　　D．'\072'

2．假设已定义“char c = 'A';”，下面选项中不能使变量 c 被赋值为小写字母 a 的是（　　）。

A．c = a;　　B．c = c + 32;

C．c = 'a';　　D．c = tolower(c)

3．假设已定义“char c='c';”，下面不能输出字符 c 的语句是（　　）。

A．putchar('c');　　B．putchar("%c", c);

C．putchar(c);　　D．printf("%c", c);

4．以下选项中，可用于判断字符变量 c 是否存储了小写字母的是（　　）。

A．isalpha(c)　　B．isdigit(c)　　C．islower(c)　　D．tolower(c)

5．以下定义并初始化字符数组中，正确的是（　　）。

A．char s[ ] = {"a", "b", "c", "\0"};　　B．char s[ ] = 'abc';

C．char s[ ]= "abc";　　D．char s[ ] = abc;

6．执行以下程序段时，若从键盘输入 good idea↙，则输出结果为（　　）。

```
char s[10];
scanf("%s", s);
printf("%s", s);
```

A．good idea　　B．good　　C．idea　　D．g

7．已定义语句“char s[20]; int i = 0;”，若从键盘输入 a good boy↙，则可以正确接收字符串"a good boy"，并将其存放到字符数组 s 中的语句是（　　）。

A．s="a good boy";　　B．scanf("%s", s);

C．
```
while((s[i] = getchar())!= '\n')
{
    i++;
}
s[i] = '\0';
```

D．
```
do
{   s[i] = getchar();
    i++;
}while(s[i] != '\n');
s[i] = '\0';
```

8．已定义并初始化字符数组“char s[10] = { 'a', '\0','s','m', 'i', 'l', 'e','\0' };”，若要输出 a smile，则应使用（　　）。

A．printf("%s", s);　　B．printf("%c", s);

C．for(i = 0; i < 7; i++)　printf("%s", s[i]);　D．for(i = 0; i < 7; i++)　putchar(s[i]);

9．下列程序段运行后会（　　）。

```
char s1[10], s2[10]="a boy";
s1=s2;
printf("%s", s1);
```

A．输出 a boy　　B．输出 a
C．报编译错误　　D．输出 boy

10．下面程序段的运行结果是（　　）。

```
#include<stdio.h>
int main(void)
{
    char s[]="abcdef";
    s[3]=s[6];
    printf("%s", s);
    return 0;
}
```

A．abcdef　　B．abcd　　C．abc　　D．a

二、读程序写结果

1．阅读下面程序，写出运行结果________。

```
#include<stdio.h>
int main(void)
{
    char s[]="abcd";
    int i=0;
    while(s[i])
        i++;
    printf("len=%d\n", i);
    return 0;
}
```

2．阅读下面程序，写出运行结果________。

```
#include<stdio.h>
int main(void)
{
    char s1[20]="good",s2[20]="day";
    int i=0, j;
    while(s1[i]!='\0')
        i++;
    for(j=0; s2[j]!='\0'; i++,j++)
        s1[i]=s2[j];
    s1[i]='\0';
    printf("%s %s\n",s1,s2);
    return 0;
}
```

3．阅读下面程序，写出运行结果________。

```
#include<stdio.h>
int fun(char str1[], char str2[]);
int main(void)
{
   char s1[80]="the", s2[80]="then";
   int n;
   n=fun(s1,s2);
   if(n==0)
      printf("s1=s2\n");
   else if(n>0)
      printf("s1 > s2\n");
   else
      printf("s1 < s2\n");
   return 0;
}
int fun(char str1[],char str2[])
{
   int i;
   for(i=0; str1[i]!='\0'&&str2[i]!='\0'; i++)
      if(str1[i]!=str2[i])
         return( str1[i]-str2[i]);
   return(str1[i]-str2[i]);
}
```

三、程序填空题

1．以下程序的功能是：通过键盘输入一个字符串和一个字符，统计该字符在字符串中出现的次数。请将程序填写完整，得到如下的运行结果：

```
请输入一个字符串：abcabc↙
请输入一个字符：a↙
a 在字符串 abcabc 中出现了 2 次。
```

```
#include<stdio.h>
int main(void)
{
   char s[80], c;
   int i, n=0;
   printf("请输入一个字符串：");
   _______【1】_______;
   printf("请输入一个字符：");
   scanf(" %c", &c);
   for(i=0; s[i]; i++)
   {
      if(_______【2】_______)
         n++;
   }
   printf("%c 在字符串%s 中出现了%d 次。\n", c, s, n);
```

```
    return 0;
}
```

2. 以下程序的功能是：通过键盘输入一个字符，判断该字符所属的类别是字母、数字还是其他字符。如果是字母，需进一步判断是大写字母还是小写字母。请将程序填写完整。

```
#include<stdio.h>
#include<ctype.h>
int main(void)
{
    char c;
    printf("请输入一个字符:");
    ______【1】______;
    putchar(c);
    if(isdigit(c))              //判断字符 character 是否是数字
       printf("是一个数字!\n");
    else if(isalpha(c))         //判断字符 character 是否是字母
    {
       printf("是一个字母!\n");
       if(______【2】______)
          printf("并且是一个大写字母!\n");
       else
          printf("并且是一个小写字母!\n");
    }
    else
       printf("是其他字符!\n");
    return 0;
}
```

四、程序改错题

给定程序中函数 fun()的功能是：将字符数组 s2 中的字符串赋给字符数组 s1。请改正程序中的错误，使程序能输出正确的结果。

```
#include<stdio.h>
void fun(char str1[],char str2[]);
int main(void)
{
    /************found************/
    char s1[80];
    char s2[80]={This is a string.};
    fun(s1,s2);
    printf("s1:%s\ns2:%s\n", s1,s2);
    return 0;
}
void fun(char str1[],char str2[])
{
```

```
    /***********found***********/
    int i;
    for(i=0; str2[i]!='\0'; i++)
        str1[i]==str2[i];
    str1[i]='\0';
}
```

五、编程题

编写函数 Count()的定义部分，要求实现输入一个字符串并统计该字符串中字母的个数。运行结果参考如下：

```
请输入一个字符串：123abcDE456↙
字符串 "123abcDE456"中有 5 个字母
```

```
#include<stdio.h>
#include<ctype.h>
int Count(char str[]);
int main(void)
{
    char s[80];
    int i, c;
    printf("请输入一个字符串:");
    scanf("%s", s);
    c=Count(s);
    printf("字符串 \"%s\" 中有 %d 个字母\n",s, c);
    return 0;
}
/* 统计字符串 str 中出现字母的个数 */
int Count(char str[])
{




}
```

10.3　补充习题答案

一、单项选择题

1. B　2. A　3. B　4. C　5. C　6. B　7. C　8. D　9. C　10. C

二、读程序写结果

1．len=4
2．goodday day
3．s1 < s2

三、程序填空题

题目	【1】	【2】
1	scanf("%s", s)	s[i] == c
2	c = getchar()	isupper(c)

四、程序改错题

需要修改的行	正确内容
7	char s2[80] = {"This is a string."};　或者 char s2[80] = "This is a string.";
17	str1[i] = str2[i] ;

五、编程题

```
/*统计字符串 str 中出现字母的个数*/
int Count(char str[])
{
    int i=0, n=0;
    while(str[i]!='\0')
    {
        if(isalpha(str[i]))
            n++;
        i++;
    }
    return n;
}
```

【说明】上面代码中的 if(isalpha(str[i]))也可以表示为 if(isupper(str[i]) || islower(str[i])),或者表示为 if(str[i]>='A' && str[i]<='Z' || str[i]>='a' && str[i]<='z')。

10.4　实　　验

1．二维数组的输入/输出。

【目的】掌握利用二重循环访问二维数组的方法。

【内容】请将下面的程序补充完整，并调试运行，以得到相应的运行结果。

【程序清单】

```
#include<stdio.h>
int main(void)
{
    int a[3][4];
    int i, j;
    printf("请输入%d 个数: \n", 3*4);
    for(i=0; i<3; i++)
    {
        for(j=0; j<4; j++)
           scanf(______【1】______);
    }
    printf("以矩阵方式输出的数据为: \n");
    for(i=0; i<3; i++)
    {
        for(j=0; j<4; j++)
           printf(______【2】______);
        printf("\n");
    }
    return 0;
}
```

【运行结果】

```
请输入 12 个数:
1 2 3 4 5 6 7 8 9 10 11 12↙
以矩阵方式输出的数据为:
1   2   3   4
5   6   7   8
9   10  11  12
```

2．计算方阵主对角线上元素的和。

【目的】掌握二维数组的初始化，以及用二维数组表示方阵主对角线上元素的方法。

【内容】请将下面的程序填写完整，并调试运行，以得到相应的运行结果。

【程序清单】

```
#include<stdio.h>
#define N 4
int main(void)
{
    int a[N][N]={1,2,3,4,5,6,7,8,9,0,1,2,3,4,5,6}, i, j ;
    ______【1】______;
    printf("4*4 方阵为: \n");
    for(i=0; i<4; i++)
    {
        for(j=0; j<4; j++)
            printf("%-4d", a[i][j]);
```

```
        printf("\n");
    }
    for(i=0; i<4; i++)
        sum+=________【2】________;
    printf("方阵主对角线上各元素的和为：%d\n", sum);
    return 0;
}
```

【运行结果】

```
4*4 方阵为：
1   2   3   4
5   6   7   8
9   0   1   2
3   4   5   6
方阵主对角线上各元素的和为：14
```

3．求矩阵的转置矩阵。

【目的】掌握定义二维数组和访问二维数组元素的方法。

【内容】请将程序修改正确，以得到相应的运行结果。

【程序清单】

```
#include<stdio.h>
#define M 3
#define N 4
int main(void)
{
    int a[M][N]={{1, 2, 3, 4}, {5, 6, 7, 8}, {9, 10, 11, 12}}, i, j;
    /**********found**********/
    int b[M][N];
    printf("转置前的矩阵 A：\n");
    for(i=0; i<M; i++)
    {
        for(j=0; j<N; j++)
            printf("%-4d", a[i][j]);
        printf("\n");
    }
    /**********found**********/
    for(i=0; i<M; i++)
        for(j=0; j<N; j++)
            b[i][j]=a[j][i];
    printf("转置后的矩阵 B：\n");
    for(i=0; i<N; i++)
    {
        for(j=0; j<M; j++)
            printf("%-4d", b[i][j]);
        printf("\n");
    }
    return 0;
}
```

【运行结果】

```
转置前的矩阵A:
1   2   3   4
5   6   7   8
9   10  11  12
转置后的矩阵B:
1   5   9
2   6   10
3   7   11
4   8   12
```

4．输出杨辉三角的前8行。

【目的】掌握计算杨辉三角的算法，复习利用二重循环访问二维数组的方法。

【内容】请将下面的程序填写完整，并调试运行，以得到相应的运行结果。

【程序清单】

```
#include<stdio.h>
#define N 8
int main(void)
{
    int a[N][N];
    int i, j;
    for(i=0; i<N; i++)
    {
        a[i][0]=1;
        ________【1】________;
    }
    for(i=2; i<N; i++)
         for(j=1; j<i; j++)
         ________【2】________;
    for(i=0; i<N; i++)
    {
        for(j=0; j<=i; j++)
            printf("%-5d", a[i][j]);
        printf("\n");
    }
    return 0;
}
```

【运行结果】

```
1
1    1
1    2    1
1    3    3    1
1    4    6    4    1
1    5    10   10   5    1
1    6    15   20   15   6    1
1    7    21   35   35   21   7    1
```

5．计算二维数组 a 中各列元素的和，并存放到一个新的二维数组 b 中。

【目的】掌握二维数组的定义和行元素的访问方法，复习利用二重循环访问二维数组的方法。掌握使用函数传递一维及二维数组的方法。

【内容】请将程序修改正确，以得到相应的运行结果。

【程序清单】

```
#include<stdio.h>
#define M 3
#define N 4
void fun(int a[][N], int b[]);
int main(void)
{
    int a[M][N]={1,2,3,4,5,6,7,8,9,10,11,12}, i, j;
    int b[N];
    printf("数组 a 中的数据如下: \n");
    for(i=0; i<M; i++)
    {
        for(j=0; j<N; j++)
            printf("%-4d", a[i][j]);
        printf("\n");
    }
/**********found**********/
    fun(a[M][N], b);
    printf("数组 b 中的数据如下: \n");
    for(i=0; i<N; i++)
            printf("%-4d", b[i]);
        printf("\n");
    return 0;
}
void fun(int a[][N], int b[])
{
    /**********found**********/
    int i, j;
    for(i=0; i<N; i++)
    {
        b[i]=0;
        for(j=0; j<M; j++)
            b[i]+=a[i][j];
    }
}
```

【运行结果】

```
数组 a 中的数据如下:
1   2   3   4
5   6   7   8
9   10  11  12
数组 b 中的数据如下:
15  18  21  24
```

6．输入/输出字符和字符串。

【目的】掌握输入/输出字符及字符串的方法。

【内容】分析并运行下面的程序，以得到相应的运行结果。

【程序清单】

```
#include<stdio.h>
int main(void)
{
    char c, s[80];
    printf("请输入一个字符：");
    c=getchar();
    printf("请输入一个字符串：");
    scanf(" %s",s);
    printf("您输入的字符是：");
    putchar(c);
    printf("\n 您输入的字符串是：%s\n", s);
    return 0;
}
```

【运行结果】

```
请输入一个字符：a↙
请输入一个字符串：student↙
您输入的字符是：a
您输入的字符串是：student
```

7．通过键盘输入一个字符串，并统计字符串中大写字母的个数。

【目的】掌握输入/输出字符串的方法，掌握使用函数传递一维字符数组的方法，复习利用一重循环处理字符串的方法。

【内容】请将程序修改正确，以得到相应的运行结果。

【程序清单】

```
#include<stdio.h>
int count(char str[]);
int main(void)
{
    char s[80];
    int n;
    /**********found**********/
    printf("请输入一个字符串：");
    getchar(s);
    n=count(s);
    printf("字符串\"%s\"中共有大写字母%d 个。\n", s,n);
    return 0;
}
/**********found**********/
int count(char str[])
{
```

```
    int i,c=0;
    for(i=0; str[i]!='\0'; i++)
        if(str[i]>=A&&str[i]<=Z)
            c++;
    return c;
}
```

【运行结果】

```
请输入一个字符串：abcABC123↙
字符串"abcABC123"中共有大写字母 3 个。
```

8．通过键盘输入一个字符串，并将该字符串中出现的所有字符 a 都替换为字符 c。

【目的】掌握输入/输出字符串的方法，掌握使用函数传递一维字符数组的方法，复习利用一重循环处理字符串的方法。

【内容】请将程序填写完整，并调试运行，以得到相应的运行结果。

【程序清单】

```
#include<stdio.h>
void fun(char s[],char c1,char c2);
int main(void)
{
    char s[80];
    printf("请输入一个字符串：\n");
    ________【1】________;
    fun(s, 'a', 'c');
    printf("替换后的新字符串：\n");
    printf("%s\n", s);
    return 0;
}
void fun(char str[], char c1, char c2)
{
    int i;
    for(i=0; str[i]!='\0'; i++)
        if(________【2】________)
            str[i]=c2;
}
```

【运行结果】

```
请输入一个字符串：
application↙
替换后的新字符串：
cpplicction
```

9．判断通过键盘输入的一个字符串是不是回文。

【目的】掌握判断回文的算法，掌握使用函数传递一维字符数组的方法，复习利用一重循环处理字符串的方法。

【内容】请将程序修改正确，以得到相应的运行结果。

【程序清单】

```
#include<stdio.h>
int GetStrlen(char str[]);
int IsParlindrome (char str[], int len);
int main(void)
{
    char s[80];
    int i, n=0;
    printf("请输入一个字符串：");
    scanf("%s",s);
    /********** found **********/
    n=GetStrlen(s[n]);
    i=IsParlindrome (s, n);
    /********** found **********/
    if(i==0)
        printf("%s 是回文! \n", s);
    else
        printf("%s 不是回文! \n",s );
    return 0;
}
int GetStrlen(char str[])
{
    int i=0;
    while(str[i])
        i++;
    return i;
}
int IsParlindrome(char str[], int len)
{
    int i, flag=0;
    for(i=0; i<len/2; i++)
        if(str[i]!=str[len-1-i])
            break;
    if(i>=len/2)
        flag=1;
    return flag;
}
```

【运行结果】

第一次运行：

```
请输入一个字符串：level↙
level 是回文!
```

第二次运行：

```
请输入一个字符串：leave↙
leave 不是回文!
```

10．输入一个班学生（学生人数不超过30）某门课程的百分制成绩，编程实现：

1）输出每个百分制成绩对应的五级制等级。百分制成绩与五级制成绩的对应情况如下。

90分以上（包括90）：A；

80～90分（包括80）：B；

70～80分（包括70）：C；

60～70分（包括60）：D；

60分以下：E。

2）统计各个等级的人数。

【目的】掌握使用函数传递一维数组的方法，掌握利用选择、循环结构实现程序设计的方法。

【内容】请将程序填写完整，并调试运行，以得到相应的运行结果。

【程序清单】

```
#include<stdio.h>
#define MAX_SIZE 30
void InputScore(int score[], int n);
void ScoreToGrade(int score[], char grade[], int n);
void OutputScoreGrade(int score[], char grade[], int n);
void CountGrade(char grade[],int count[],int n);
void OutputCountResult(int count[],int n);
int main(void)
{
    int score[MAX_SIZE];                    //存储学生的百分制成绩
    char grade[MAX_SIZE];                   //存储学生的五级制成绩
    int count[5]={0}, n;

    printf("请输入学生人数: ");
    scanf("%d",&n);
    printf("请输入%d 名学生的百分制成绩：\n", n);
    InputScore(score, n);
    ScoreToGrade(score, grade, n);          //将百分制成绩转换为五级制成绩
    OutputScoreGrade(score, grade, n);      //输出百分制成绩对应的五级制成绩
    CountGrade(grade,count, n);             //统计各等级的人数
    OutputCountResult(count, n);            //输出各等级的人数
    return 0;
}
/*输入学生的百分制成绩*/
void InputScore(int score[], int n)
{
    int i;
    for(i=0; i<n; i++)
    {
        scanf("%d", &score[i]);
    }
}
```

```
/*将百分制成绩转换为五级制成绩*/
void ScoreToGrade(int score[], char grade[], int n)
{




}
/*输出百分制成绩对应的五级制成绩*/
void OutputScoreGrade(int score[], char grade[], int n)
{
    int i=0;
    printf("\n%d 名学生的百分制成绩对应的五级制等级情况如下：\n", n);
    for(i=0; i<n; i++)
        printf("%4d: %3c\n", score[i], grade[i]);
    printf("\n");
}
/*统计各等级的人数，并存入 count[]数组中*/
void CountGrade(char grade[],int count[],int n)
{





}
/*输出各等级的人数*/
void OutputCountResult(int count[],int n)
{
    int i;
    printf("%d 名学生中各个等级的人数如下：\n",n);
    for(i=0; i<5; i++)
        printf("%3c: %2d\n",'A'+i, count[i]);
    putchar('\n');
}
```

【运行结果】

```
请输入学生人数：8↙
请输入 8 名学生的百分制成绩：
96 92 85 84 87 74 63 52↙

8 名学生的百分制成绩对应的五级制等级情况如下：
  96:  A
  92:  A
  85:  B
  84:  B
  87:  B
  74:  C
```

```
  63:  D
  52:  E
8名学生中各个等级的人数如下:
  A:  2
  B:  3
  C:  1
  D:  1
  E:  1
```

第 11 章　设计复杂程序

11.1　习题 11 答案

一、单项选择题

1．D　　2．A　　3．D　　4．A　　5．D　　6．B　　7．C

二、读程序写结果

6　　16　　36

11.2　补 充 习 题

一、单项选择题

1．下列叙述中不正确的是（　　）。

A．函数中的形参是函数自己的局部变量

B．在不同的函数中可以使用相同名字的变量，它们在内存中占用不同的单元

C．在一个函数中定义的变量只在本函数范围内有效

D．在一个函数内的复合语句中定义的变量只在本函数范围内有效

2．在一个源程序文件中定义的全局变量的作用域为（　　）。

A．从定义该变量的位置开始至本文件结束

B．本程序的全部范围

C．本文件的全部范围

D．本函数的全部范围

3．若在一个 C 源程序文件中定义了一个允许其他源文件引用的双精度实型外部变量 a，则在另一文件中可使用的引用说明是（　　）。

A．extern static double a;　　　　B．double a;

C．extern auto double a;　　　　D．extern double a;

4．关于 const 修饰的使用，下列选项中用法错误的是（　　）。

A．const double pi=3.14;

B．const double pi;

C．const double pi=3.14; pi=3.1415926;

D．const double pi=3.14; scanf("%lf", &pi);

5．下列叙述中错误的是（　　）。

A．主函数 main()中定义的变量在整个程序中有效

B．不同函数中，可以定义同名的变量

C．形参属于其所在函数内有效的局部变量

D．全局变量可以与局部变量同名

6．在 C 语言中，变量的定义位置有 3 种，正确的是（　　）。

A．函数内部　　B．函数外部

C．函数定义的形参表中　　D．以上全是

7．下面语句中错误的是（　　）。

A．typedef int array[20];　　B．typedef int array = 20;

C．typedef int bool;　　D．typedef int integer;

二、读程序写结果

阅读下面的程序，写出运行结果__________。

```
#include<stdio.h>
int fun(int a, int b);
int main(void)
{
    int k=1, m=2, t;
    t=fun(k, m);
    printf("%5d", t);
    t=fun(k, m);
    printf("%5d\n", t);
    return 0;
}
int fun(int a,int b)
{
    static int m=0, n=2;
    n+=m+1;
    m=n+a+b;
    return (m);
}
```

三、程序填空题

下面程序可实现如下功能：

1）输入 N 个学生 1 门课的成绩；

2）计算 N 个学生 1 门课的成绩的平均分；

3）输出班级所有成绩和计算结果。

请将程序填写完整，使其能得到如下的运行结果：

```
请输入 10 个成绩:
10 20 30 40 50 60 70 80 90 100↙
以下是全部 10 个成绩:
  10.0  20.0  30.0  40.0  50.0  60.0  70.0  80.0  90.0 100.0
平均分=55.0
```

```
#include<stdio.h>
#define N 10
void Input(float array[], int n);
float GetAver(float array[], int n);
void Output(float array[], int n);
int main(void)
{
   float score[N];
   Input(score, N);
   Output(score, N);
   return 0;
}
/*输入一维数组的元素值*/
void Input(float array[], int n)
{
   int i;
   printf("请输入 %d 个成绩: \n", n);
   for(i=0; i<n; i++)
      scanf("%f", ________【1】________);
   return;
}
/*计算一维数组中各元素的平均值*/
float GetAver(float array[], int n)
{
   int i;
   float aver, sum=0;
   for(i=0; i<n; i++)
      sum=sum+array[i];
   aver=________【2】________;
   return(aver);
}
/*输出一维数组中各元素的值,求解并输出一维数组中元素的平均值*/
void Output(float array[], int n)
{
   int i;
   printf("\n 以下是全部 %d 个成绩: \n", n);
   for(i=0; i<n; i++)
      printf("%6.1f", array[i]);
   printf("\n 平均分=%5.1f\n", ________【3】________);
   return;
}
```

四、程序改错题

下面程序可实现如下功能：

1）输入某班 N 个学生某门课的成绩；

2）找出班级最高分；

3）输出班级所有成绩和最高分。

请改正程序中的错误，使程序能输出如下运行结果：

```
请输入 10 个成绩：
70 80 90 60 67 89 92 85 78 76
以下是全部 10 个成绩：
  70.0  80.0  90.0  60.0  67.0  89.0  92.0  85.0  78.0  76.0
最高分=92.0
```

```
#include<stdio.h>
#define N 10
void Input(float array[],int n);
float GetMax(float array[],int n);
void Output(float array[],int n);
int main(void)
{
  float score[N];
  Input(score, N);
  Output(score, N);
  return 0;
}
/*输入一维数组的元素值*/
void Input(float array[],int n)
{
   int i;
   printf("请输入 %d 个成绩：\n", n);
   for(i=0; i<n; i++)
      scanf("%f", &array[i]);
   return;
}
/*找出一维数组中各元素的最大值*/
float GetMax(float array[], int n)
{
   int i;  float max_value;
   /************found************/
   max_value=array[i];
   for(i=1; i<n; i++)
   {
      if(array[i]>max_value)
         max_value=array[i];
   }
   return(max_value);
 }
```

```
/*输出一维数组中各元素的值，求解并输出一维数组中元素的最大值*/
void Output(float array[], int n)
{
    int i;
    printf("\n 以下是全部 %d 个成绩: \n", n);
    for(i=0; i<n; i++)
       printf("%6.1f", array[i]);
    /************found************/
    printf("\n 最高分=%5.1f\n", GetMax(array));
    return;
}
```

五、编程题

下面程序的功能是：输入 N 个学生某门课的成绩，统计其中不及格的人数。请编写函数 CountFail(float array[ ],int n)的定义部分，使其能实现统计数组 array 中 n 个数中小于 60 的个数，从而实现程序的功能。请将程序补充完整并运行，以得到如下运行结果：

```
请输入 10 个成绩:
10 20 30 40 50 60 70 80 90 100
不及格人数=5
```

```
#include<stdio.h>
#define N 10
void Input(float array[],int n);
int CountFail(float array[],int n);
int main(void)
{
    float score[N];
    Input(score, N);
    printf("\n 不及格人数=%d\n", CountFail(score, N));
    return 0;
}
/* 输入一维数组的元素值 */
void Input(float array[],int n)
{
    int i;
    printf("请输入 %d 个成绩: \n", n);
    for(i=0; i<n; i++)
       scanf("%f", &array[i]);
    return;
}
/* 统计不及格人数 */
int CountFail(float array[], int n)
{




}
```

11.3 补充习题答案

一、单项选择题

1. D　2. A　3. D　4. A　5. A　6. D　7. B

二、读程序写结果

6　13

三、程序填空题

【1】	【2】	【3】
&array[i]	sum / n	GetAver(array,n)

四、程序改错题

需要修改的行	正确内容
27	max_value = array[0];
43	printf("\n 最高分=%5.1f\n", GetMax(array, n));

五、编程题

```
int i, count=0;
for(i=0; i<n; i++)
{
    if(array[i]<60)
        count++;
}
return(count);
```

11.4 实　　验

1．分析下面程序多行输出语句的位置与变量作用域的关系。

【目的】了解变量定义位置对其作用域的影响，并了解同名变量作用域重合时，外层变量被屏蔽的处理方式。

【内容】分析并运行程序，上机验证运行结果。

【程序清单】

```
#include<stdio.h>
```

```
int main()
{
    int a,b,c;
    a=b=2;
    c=a+b;
    printf("first:a=%d,b=%d,c=%d\n",a,b,c);
    {
        int b,c;
        b=c=5;
        a=b+c;
        printf("second:a=%d,b=%d,c=%d\n",a,b,c);
    }
    printf("third:a=%d,b=%d,c=%d\n\n",a,b,c);
   return 0;
}
```

【运行结果】

2．下面程序使用全局变量 gl_a 和 gl_b 分别存储商和余数，gl_err 的值为 1 表示除数是 0，值为 0 表示没有错误。利用全局变量可以实现调用一个函数获取多个数据的效果。

【目的】了解全局变量实现函数之间通信的方法。

【内容】请在程序的空白处填上适当内容，使程序得到如下的正确运行结果，并分析函数调用过程中的数据传递方式。

【程序清单】

```
#include<stdio.h>
int gl_a, gl_b, gl_err;
void MyDiv(int x, int y);
void ShowResult(int x, int y);

int main()
{
    int x, y;
    x=25;
    y=3;
    MyDiv(x, y);
    ShowResult(x, y);
    x=25;
    y=0;
    MyDiv(x, y);
    ShowResult(x, y);
    x=0;
    y=3;
    MyDiv(x, y);
    ShowResult(x, y);
```

```
    return 0;
}
/* 求两个整数的商和余数 */
void MyDiv(int x, int y)
{
    if (y==0) {
        gl_err=1;
    } else {
        ______【1】______;
        gl_a=x/y;
        gl_b=______【2】______;
    }
}
/* 显示除法结果 */
void ShowResult(int x, int y)
{
    if (gl_err==0) {
        printf("%d 除以 %d，商 %d，余 %d\n", x, y, gl_a, gl_b);
    } else {
        printf("%d 除以 %d，错误，除数不能是 0\n", x, y);
    }
}
```

【运行结果】

```
25 除以 3，商 8，余 1
25 除以 0，错误，除数不能是 0
0 除以 3，商 0，余 0
```

3．在程序的空白处填上合适的内容，使程序能得到正确的输出结果。

【目的】了解静态局部变量的生存周期与局部可见性的特点。

【内容】把程序补充完整并运行，使其得到正确的运行结果。

【程序清单】

```
#include<stdio.h>
int Function (int x);
int main()
{
    int a=______【1】______, i;
    for(i=1; i<=3; i++)
        printf("%d\t", Function ( a ));
    printf("\n\n");
    return 0;
}
int Function(int x)
{
    int m=1;
    static int n=1;
    m=______【2】______;
```

```
    n=n+1;
    return (m*100+n*10+x);
}
```

【运行结果】

```
222    232    242
```

4．利用全局变量和函数的说明，设置作用域。

【目的】了解全局变量和函数的外部属性的用法。

【内容】建立 Project，添加三个文件。三个文件的内容如下。记录并分析程序的运行结果。

【程序清单】

```
/*main.c 中的内容*/
#include<ShowNum.h>
int main()
{
    SetMN(3, 9);
    ShowAll();
    SetMN(15, 9);
    ShowAll();
    return 0;
}

/*ShowNum.c 中的内容*/
#include <stdio.h>
static int m, n;  //只能在 ShowNum.c 中使用
void SetMN(int x, int y)
{
    m=x;
    n=y;
}
void ShowAll()
{
    int i;
    int t;
/* 根据 m 和 n 的大小关系，设置步长 */
    if (m>n) {
        t=-1;
    } else {
        t=1;
    }
    printf("data in %d ~ %d: ", m, n);
    for(i=m; i!=n; i+=t) {
        printf("%d ", i);
    }
    printf("\n");
}
```

```
ShowNum.h 中的内容
extern void SetMN ( int x, int y ); //可以被外部函数调用
extern void ShowAll();
```

【运行结果】

5. 下面程序的功能是判断输入的数是否为素数。

【目的】了解 typedef()和 const()的使用方法。

【内容】请将下面的程序修改正确并运行，使其得到正确的运行结果。

【程序清单】

```
#include<stdio.h>
#include<math.h>
/* ************found************ */
typedef BOOL int;
const BOOL TRUE=1;
const BOOL FALSE=0;

BOOL IsPrime ( int n );

int main(void)
{
    int m;
    do{
        printf("请输入一个非负整数的值：");
        scanf("%d", &m);
    }while(m<2);      //控制输入数据的有效性
    /* ************found************ */
    if(IsPrime(m)=TRUE)
        printf("%d 是素数。\n", m);
    else
        printf("%d 不是素数。\n", m);
    return 0;
}
/* 判断 n 是否为素数，若是返回 TRUE，否则返回 FALSE */
BOOL IsPrime(int n)
{
    int i, k;
    k=(int)sqrt(n);
    for(i=2; i<=k; i++)
        if(n%i==0) return FALSE;
    return TRUE;
}
```

【运行结果】

第一次运行：

```
请输入一个非负整数的值：137↙
137 是素数。
```

第二次运行：

```
请输入一个非负整数的值：135↙
135 不是素数。
```

6. 下面程序要实现已知某班级 n 个学生一门课的成绩，计算平均分、最高分和最低分。要求：班级人数 n 由键盘输入，其值不超过 200。

【目的】了解设计复杂程序的“分而治之”模块化的思想。

【内容】请补充编写实现如下功能的 5 个函数中的①～④：

① 输入班级 n 个学生一门课的成绩：输入 n 个成绩存入数组。

② 计算班级平均分：计算 n 个学生的平均分。

③ 找出班级最高分：计算 n 个学生的最高分。

④ 找出班级最低分：计算 n 个学生的最低分。

⑤ 输出班级所有成绩和计算结果：输出 n 个学生的成绩、调用计算平均分、最高分和最低分的函数，并输出结果。

【程序清单】

```
#include <stdio.h>
#define N 200
void Input(float array[], int n);
float GetAver(float array[], int n);
float GetMax(float array[], int n);
float GetMin(float array[], int n);
void Output(float array[], int n);
int main()
{
    float scores[N];
    int n;
    printf("请输入班级人数：");
    scanf("%d", &n);
    Input(scores, n);
    Output(scores, n);
    return 0;
}
/* 输入班级 n 个学生一门课的成绩：输入 n 个成绩存入数组 */
void Input(float array[], int n)
{


}
/* 计算 n 个学生平均分 */
float GetAver(float array[], int n)
```

```
{

}
/* 计算 n 个学生最高分 */
float GetMax(float array[], int n)
{

}
/* 计算 n 个学生最低分 */
float GetMin(float array[], int n)
{

}
/* 输出班级所有成绩和计算结果 */
void Output(float array[], int n)
{
    int i;
    printf("\n 以下是全部 %d 个成绩：\n", n);
    for(i=0; i<n; i++)
       printf("%5.1f", array[i]);
    printf("\n 平均分\t 最高分\t 最低分\n");
    printf("%5.1f\t", Getaver(array, n));
    printf("%5.1f\t%5.1f\n", Getmax(array, n ), Getmin(array, n));
    printf("\n");
    return;
}
```

【运行结果】

第一次运行：

```
请输入班级人数：5↙
80 70 90 65 50↙

以下是全部 5 个成绩：
80.0 70.0 90.0 65.0 50.0

平均分  最高分  最低分
71.0    90.0    50.0
```

第二次运行：

```
请输入班级人数：10↙
90 80 70 60 86 78 95 50 73 55↙

以下是全部 10 个成绩：
 90.0 80.0 70.0 60.0 86.0 78.0 95.0 50.0 73.0 55.0

平均分  最高分  最低分
73.7    95.0    50.0
```

第12章 结 构 体

12.1 习题12答案

一、单项选择题

1. D　2. D　3. B　4. B　5. C

二、读程序写结果

10,x

三、程序填空题

【1】	【2】	【3】
max=person[0].age	max=person[i].age	person[imax].name

四、程序改错题

需要修改的行	正确内容
10	std[i].score[0]<60||std[i].score[1]<60
22	scanf("%s",std[i].name);

12.2 补 充 习 题

一、单项选择题

1．下列关于结构体的说法中，错误的是（　　）。

A．结构体是由用户自定义的一种数据类型

B．结构体中可设定若干个不同数据类型的成员

C．结构体中成员的数据类型可以是另一个已定义的结构体

D．在定义结构体时，可以为成员设置默认值

2．以下关于结构体类型和变量的定义中，正确的是（　　）。

A．struct SS {char flag; float x; }　struct SS a, b;

B．struct {char flag; float x; }SS;　SS a, b;

C．struct ss {char flag; float x; }; struct ss a, b;

D．typedef {char flag; float x; }SS; SS a, b;

3．下面程序的输出结果是（ ）。

```
#include<stdio.h>
struct cmplx {int x; int y;};
int main()
{
   struct cmplx cnum[2]={1,3,2,7};
   printf("%d\n",cnum[0].y/cnum[0].x*cnum[1].x);
}
```

A．0 B．1 C．3 D．6

4．定义结构体

```
struct student{char name[10]; int age; };
struct student class[30]={"Linda",17,"Beal",19,"Marci",16};
```

能输出字符串"Marci"的语句是（ ）。

A．printf("%s\n",class[3].name); B．printf("%s\n",class[1].name);

C．printf("%s\n",class[2].name); D．printf("%c\n",class[2].name);

5．当定义一个结构体变量时，系统分配给它的内存空间是（ ）。

A．结构体中一个成员所需的内存容量

B．结构体中最后一个成员所需的内存容量

C．结构体中占内存容量最大者所需的容量

D．结构体中各成员所需内存容量的总和

6．下面程序的输出结果是（ ）。

```
#include<stdio.h>
struct st {double x;
           int y[2];
           char z[8];};
int main()
{
   printf("%d\n",sizeof(struct st));
}
```

A．24 B．16 C．4 D．12

7．定义以下结构体数组：

```
struct date
{
   int year;
   int month;
};
struct s
{
   struct date birth;
```

```
    char name[20];
}x[4]={{2010,8,"Beijing"},{1999,9,"Nanjing"}};
```

语句“printf("%s,%d\n",x[0].name, x[1].birth.month);”的输出结果是（　　）。

A. Beijing,9　　B. Nanjing,8　　C. Beijing,2010　　D. Nanjing,1999

8. 设有以下结构体定义，若要对结构体变量 p 的出生年份赋值，则下面语句正确的是（　　）。

```
struct date
{   int year;
    int month;
    int day;
}
struct
{   char name[20];
    struct date birthday;
}p;
```

A. year=1998;　　B. birthday.year=1998;

C. p,birthday.year=1998;　　D. p.year=1998;

9. 下面关于 typedef 的叙述中不正确的是（　　）。

A. 使用 typedef 可以定义各种类型名，但不能定义变量

B. 使用 typedef 可以增加新类型

C. 使用 typedef 只是将已存在的类型用一个新的标识符来代表

D. 使用 typedef 有利于程序的通用和移植

二、读程序写结果

阅读下面程序，写出运行结果__________。

```
#include<stdio.h>
struct s1
{   char c[10];
    char s[10];
};
struct s2
{   char cp[10];
    struct s1 ss;
};
int main()
{
    struct s1 st1={"abc","def"};
    struct s2 st2={"ghi",{"jkl","mno"}};
    printf("%c,%s\n", st1.c[0],st2.ss.s);
}
```

三、程序填空题

有5名学生，每名学生有3门课的成绩，通过键盘输入以上数据（包括学号、姓名、3门课的成绩），计算出平均成绩，并输出每名学生的平均成绩。请将程序填写完整。

```
#include<stdio.h>
struct student
{
    int num;
    char name[10];
    int score[3];
    float ave;
}stu[5];
void stdave(struct student s[],int n);
int main()
{
    int i,j;
    for(i=0;i<5;i++)
    {
        printf("\n please input No. %d student\'s data:\n",i+1);
        printf("student No:");
        scanf("%d",&stu[i].num);
        printf("name:");
        scanf("%s",stu[i].name);
        for(j=0;j<3;j++)
        {
            printf("score %d.",j+1);
            scanf("%d",_______【1】_______);
        }
    }
    stdave(stu,5);
    for(i=0;i<5;i++)
        printf("%d\t%s\t%5.1f\n",stu[i].num,stu[i].name,stu[i].ave);
}
void stdave(struct student s[],int n)
{
    int i,j;
    float sum;
    for(i=0;i<n;i++)
    {
        _______【2】_______;
        for(j=0;j<3;j++)
            sum=sum+s[i].score[j];
        _______【3】_______=sum/3;
    }
}
```

四、程序改错题

函数 fun()的功能是：在有 n 名学生、2 门课成绩的结构体数组 std 中，计算出第 1 门课的平均分，并作为函数值返回。例如，主函数中给出了 4 名学生的数据，则程序的运行结果如下：

```
第 1 门课的平均分是: 76.125000
```

请改正程序中的错误，使程序能输出正确的结果。

```
#include<stdio.h>
typedef struct
{ char num[8];
  double score[2];
}STU ;
double fun(STU std[], int n)
{ int i;
  int sum=0 ;
  /**********found**********/
  for(i=0; i<n ; i++)
  sum+= std[i].score;
  /**********found**********/
  return sum/n;
}
int main()
{STU std[]={ "N1001", 76.5,82.0,
             "N1002", 66.5,73.0,
             "N1005", 80.5,66.0,
             "N1006", 81.0,56.0 };
   printf("第 1 门课的平均分是: %lf\n", fun(std,4) );
}
```

五、编程题

利用结构体类型编写一个程序，实现输入 N 名学生的平时成绩和考试成绩，然后根据公式（总评成绩=平时成绩×30%+考试成绩×70%）计算并输出每名学生的总评成绩。

12.3 补充习题答案

一、单项选择题

1. D　2. C　3. D　4. C　5. D　6. A　7. A　8. C　9. B

二、读程序写结果

a,mno

三、程序填空题

【1】	【2】	【3】
&stu[i].score[j]	sum=0	s[i].ave

四、程序改错题

需要修改的行	正确内容
11	sum += std[i].score[0];
13	return (double)sum/n;

五、编程题

```
#include<stdio.h>
struct stu
{
    int mid;
    int end;
    float final;
};
int main()
{   int i;
    struct stu score[5];
    for(i=0;i<5;i++)
    {   scanf("%d%d",&score[i].mid,&score[i].end);
        score[i].final=score[i].mid*0.3+score[i].end*0.7;
    }
    for(i=0;i<5;i++)
        printf("第%d 名学生的总评成绩为%f\n",i+1,score[i]. final);
}
```

12.4 实　　验

1．声明一个嵌套的结构体类型，并定义一个结构体变量，分析各成员在内存中所占的字节数。

【目的】掌握嵌套的结构体变量的定义和成员引用的正确方法，理解结构体变量的存储结构，理解 typedef 的用法。

【内容】运行程序，记录并分析运行结果。

【程序清单】

```
#include<stdio.h>
#define N 3
```

```
struct date
{
  int year;
  int month;
  int day;
};
typedef struct date DATE;
struct person
{
   char name[20];
   int age;
   DATE birthday;
   char address[30];
};
int main()
{
   struct person ss;
   printf("成员 name 占%d 字节\n",sizeof(ss.name));
   printf("成员 age 占%d 字节\n",sizeof(ss.age));
   printf("成员 birthday 占%d 字节\n",sizeof(ss.birthday));
   printf("成员 address 占%d 字节\n",sizeof(ss.address));
   printf("结构体变量占%d 字节\n",sizeof(ss));
}
```

【运行结果】

【说明】理论上，结构体变量所占的字节数为各成员所占字节数的总和。从运行结果可以看出，由于内存对齐的策略，实际分配给结构体变量的字节数不小于这个理论值。

2．判断点和圆的关系。

【目的】掌握结构体变量的定义和成员引用的正确方法，掌握结构体变量作为函数的形参的用法。

【内容】首先声明描述点的结构体。该结构体有两个成员，分别用于描述点的横坐标和纵坐标。在主函数中分别输入圆心和点的坐标，并调用函数 dist()计算两点间的距离。比较距离和半径，输出点和圆的关系。请将程序补充完整。

【程序清单】

```
#include<stdio.h>
#include<math.h>
/*描述点的结构体*/
struct point
{
```

```
};
/*dist()函数的声明*/
float dist(struct point p1,struct point p2);
int main()
{
    struct point p1,p2;
    float d,r;
    printf("请输入圆心坐标：");
    scanf("%f%f",&p1.x,&p1.y);
    printf("请输入圆的半径：");
    scanf("%f",&r);
    printf("请输入B点坐标：");
    scanf("%f%f",&p2.x,&p2.y);
    d=dist(p1,p2);
    if(fabs(d-r)<1e-6)
        printf("点在圆周上\n");
    else if(d>r)
        printf("点在圆外\n");
    else
        printf("点在圆内\n");
}
/*计算两点间距离的函数dist()*/
float dist(struct point p1,struct point p2)
{



}
```

【运行结果】

```
请输入圆心坐标：3  2↙
请输入圆的半径：4↙
请输入B点坐标：-1  4↙
点在圆外
```

【说明】输入多组数据，输出不同的结果。

3．有 5 名学生，每名学生的数据信息包括学号、姓名、课程 1 的成绩、课程 2 的成绩、课程 3 的成绩和平均成绩。在主函数中，通过键盘输入每名学生的信息，并调用函数计算每名学生的平均成绩。再使用选择排序法按平均成绩由高到低的顺序输出学生信息。

【目的】掌握结构体数组的定义、初始化和引用的正确方法，掌握结构体变量、结构体数组作函数参数或函数返回值的方法。

【内容】请将程序补充完整，运行程序并记录结果。

【程序清单】

```
#include<stdio.h>
#define N 3
```

```
struct  Student
{
   char num[8];
   char name[20];
   float score[3];              //3 门课的成绩
   float aver_score;            //平均分
};
void averagescore(struct  Student stu[], int n);
void sortaverage(struct  Student stu[], int n);
void printscore(struct  Student stu[], int n);
int main()
{
    struct  Student stu[N];
    int i,j;
    printf("请输入%d 名学生的信息：\n",N);
    for(i=0;i<N;i++)
    {
        printf("第%d 名学生\n",i+1);
        printf("学号：");
        scanf("%s",stu[i].num);
        printf("姓名：");
        scanf("%s",stu[i].name);
        for(j=0;j<3;j++)
        {
            printf("第%d 门课的成绩：",j+1);
            scanf("%f",&stu[i].score[j]);
        }
    }
    averagescore(stu,N);
    sortaverage(stu,N);
    printscore(stu,N);
}
void  averagescore(struct  Student stu[], int n)
{




}
void  sortaverage(struct  Student stu[], int n)
{
```

```
}
void printscore(struct  Student stu[], int n)
{
    int i;
    printf("学生信息表\n");
    printf("学号\t 姓名\t 课程 1\t 课程 2\t 课程 3\t 平均成绩\n");
    for(i=0;i<n;i++)
        printf("%s\t%s\t%.2f\t%.2f\t%.2f\t%.2f\n",stu[i].num,stu[i]. name,
            stu[i].score[0],stu[i].score[1],stu[i].score[2],stu[i].
                aver_score);
}
```

【运行结果】

```
请输入 3 名学生的信息：
第 1 名学生
学号：A001
姓名：Mary
第 1 门课的成绩：76
第 2 门课的成绩：78
第 3 门课的成绩：98
第 2 名学生
学号：A002
姓名：Paul
第 1 门课的成绩：87
第 2 门课的成绩：89
第 3 门课的成绩：91
第 3 名学生
学号：A003
姓名：John
第 1 门课的成绩：61
第 2 门课的成绩：76
第 3 门课的成绩：99
学生信息表
学号    姓名    课程 1   课程 2   课程 3   平均成绩
A002    Paul    87.00    89.00    91.00    89.00
A001    Mary    76.00    78.00    98.00    84.00
A003    John    61.00    76.00    99.00    78.67
```

4．定义一个结构体变量（包括年、月、日），计算该日是本年中第几天。注意：如果是闰年的 3 月以后，应该再加一天。

【目的】掌握结构体变量的定义和成员引用的方法。

【内容】请将程序补充完整，运行程序并记录结果。

【程序清单】

```
#include<stdio.h>
struct
{
   int year;
   int month;
   int day;
}date;
int main()
{
    int days;
    printf("Input year, month, day:");
    scanf(________【1】________);
    switch(date.month)
    {
        case 1: days=date.day;break;
        case 2: days=date.day+31;break;
        case 3: days=date.day+59;break;
        case 4: days=date.day+90;break;
        case 5: days=date.day+120;break;
        case 6: days=date.day+151;break;
        case 7: days=date.day+181;break;
        case 8: days=date.day+212;break;
        case 9: days=date.day+243;break;
        case 10: days=date.day+273;break;
        case 11: days=date.day+304;break;
        case 12: days=date.day+334;
    }
    if(________【2】________)             //消除闰年的影响
        days+=1;
    printf("\n%d/%d is the %dth day in %d.\n\n",date.month,date.day,
        days,date.year);
}
```

【运行结果】

```
Input year, month, day:2018,6,16

6/16 is the 167th day in 2018.
```

第13章 指　　针

13.1　习题13答案

一、单项选择题

1. D　　2. A　　3. B　　4. D　　5. B　　6. B　　7. B

二、读程序写结果

1. *p1=20,*p2=10
   x=10,y=20
2. 7,8
3. 2,7

三、程序填空题

题目	【1】	【2】	【3】
1	sum=0	sum=sum+*pa	(double)sum/N
2	s+n-1	p1<p2	p1++

四、编程题

```
#include<stdio.h>
#define N 10
int f_count (int *pa,int num);
main()
{
   int a[N],i;
   for(i=0;i<N;i++)
       scanf("%d",&a[i]);
   printf("数组中有%d个偶数\n",f_count(a,N));
}
int f_count(int *pa,int num)
{
   int i,count=0;
   for(i=0;i<num;i++)
       if(*(pa+i)%2==0)  count++;
   return count;
}
```

13.2 补 充 习 题

一、单项选择题

1．若定义“int a=520, *b=&a;”，则“printf("%d\n", *b);”的输出结果是（　　）。

A．无确定值　　B．a 的地址　　C．b 的地址　　D．520

2．若定义“int a, b, *p1=&a, *p2=&b;”，使 p1 指向 b 的赋值语句是（　　）。

A．*p1=&b;　　B．p1=&p2;　　C．p1=*&p2;　　D．p1=*&b;

3．下面程序段的运行结果是（　　）。

```
int  a=1, b=3, c=5;
int  *p1=&a, *p2=&b, *p=&c;
*p=*p1*(*p2);
printf("%d\n",c);
```

A．5　　B．3　　C．1　　D．15

4．设有以下语句“int a[10]={0,1,2,3,4,5,6,7,8,9}, *p=a+3, i=5;”，则对数组元素不正确的引用是（　　）。

A．a[p−a]　　B．*a[i]　　C．*(p+i)　　D．*(a+i)

5．下面程序段的运行结果是（　　）。

```
#include<stdio.h>
int main()
{
    int a[]={2,4,6,8,10};
    int y=0,k,*p;
    p=&a[3];
    for(k=-2;k<2;k++)
        y+=*(p+k);
    printf("y=%d\n",y);
}
```

A．y=24　　B．y=30　　C．y=28　　D．y=20

6．下面程序段的运行结果是（　　）。

```
#include<stdio.h>
int main()
{
    int a[5]={2,4,6,8,10},*p;
    p=a;
    p++;
    printf("%d,%d\n",*p,*(p+2));
}
```

A．4,10　　B．2,8　　C．4,8　　D．4,6

7．若定义“int a[10], *p=a;”，则 p+5 表示（　　）。

A．元素 a[5]的地址　　B．元素 a[5]的值

C．元素 a[6]的地址　　D．元素 a[6]的值

8．下面程序段的运行结果是（　　）。

```
#include<stdio.h>
int main()
{
    int a[4][3]={1,3,5,7};
    int (*p)[3]=a,i,j,s=0;
    for(i=0;i<4;i++)
        for(j=0;j<3;j++)
            s=s+*(*(p+i)+j);
    printf("%d\n",s);
}
```

A．4　　B．16　　C．8　　D．12

9．若定义“int a[2][3];”，则对数组的第 i 行 j 列元素地址的正确引用为（　　）。

A．*(a[i]+j)　　B．(a+i)　　C．*(a+j)　　D．a[i]+j

10．下面程序段的运行结果是（　　）。

```
#include<stdio.h>
int fun(int (*b)[4])
{
    int i,s=0;
    for(i=0;i<4;i++)
        s+=b[i][i];
    return s;
}
int main()
{
    int a[4][4]={{1,2,3,4},{0,2,4,5},{3,6,9,12},{3,2,1,0}};
    printf("%d\n",fun(a));
}
```

A．12　　B．16　　C．10　　D．6

11．若有说明“int a[5][4];”，则指向数组 a 的指针数组的正确定义方式是（　　）。

A．int (*p)[4];　　B．int *p[4];　　C．int *p[5];　　D．int (*p)[5];

12．若有说明“int i=2,j=3, a[5][4]={1,2,3,4,5,6,7,8}, *p=a[0];”，则对数组元素 a[i][j]的地址的正确引用是（　　）。

A．*(p+ i)+j　　B．*(*(a+i)+j)　　C．p[i]+j　　D．p+4*i+j

13．以下选项中正确的是（　　）。

A．int a[5][4], b[4][5], *p; p=a; b=p;

B．float a[5][4], (*p)[5], (*q)[4]; p=a; q=a;

C．double a[5][4], *p[5]; p[0]=a[0];

D．int a[5][4], (*p)[4]; p=a[0][0];

14．下面程序段的运行结果是（　　）。

```
char *s="abcde";
printf("%s", s+2);
```

A．cde　　B．c　　C．abcde　　D．无确定的输出结果

15．下面程序段的运行结果是（　　）。

```
#include<stdio.h>
int main()
{
    char  ch[2][5]={"12a4","5b78"},*p[2];
    int i,j,s=0;
    for(i=0;i<2;i++)
        p[i]=ch[i];
    for(i=0;i<2;i++)
    {
        j=0;
        while(p[i][j]>='0'&&p[i][j]<='9')
        {
            s+=p[i][j]-'0';
            j++;
        }
    }
    printf("%d\n",s);
}
```

A．124　　B．8　　C．27　　D．578

16．下面程序段的运行结果是（　　）。

```
#include<stdio.h>
int main()
{
    char s1[20]={"ABCD"},*s2={"abcd"};
    char *p1=s1,*p2=s2;
    while (*p1)
        p1++;
    while(*p1++=*p2++ );
    printf("%s:%s\n",s1,s2);
}
```

A．ABCDabcd: abcd　　B．ABCDabcd: ABCD

C．ABCD: abcd　　D．abcd : ABCD

17．下面程序段的运行结果是（　　）。

```
#include<stdio.h>
int main()
{
    char s[]="example!", *t;
```

```
    t=s;
    while( *t!='p')
    {
        printf("%c",*t-32);
        t++;
    }
}
```

A．EXAMPLE!　　B．exam

C．EXAM　　D．example!

18．下面程序段的运行结果是（　　）。

```
#include<stdio.h>
void sub(int *x,int y,int z)
{
    *x=y-z;
}
int main()
{
    int a,b,c;
    sub(&a,10,5);
    sub(&b,a,7);
    sub(&c,a,b);
    printf("%d,%d,%d\n",a,b,c);
}
```

A．5,-2,5　　B．10,5,7　　C．10,-2,7　　D．5,-2,7

19．以下选项中，不能正确赋值字符串（编译时系统会提示错误）的是（　　）。

A．char s[10]="abcdefg";　　B．char t[]="abcdefg",*s=t;

C．char s[10];s="abcdefg";　　D．char s[10];strcpy(s,"abcdefg");

20．若定义“char *c[]={"China", "America", "Russia", "England", "France"};”，则语句“printf("%p",c[3]);”的输出为（　　）。

A．字符串 England　　B．格式说明不正确

C．字符串 England 的首地址　　D．字母 E

21．以下选项中，对结构体变量 std 中成员 id 的引用方式不正确的是（　　）。

```
struct work
{
    int id;
    char name[20];
}std, *p=&std;
```

A．(*p).id　　B．*p.id　　C．std.id　　D．p->id

22．若定义函数 float *fun()，则函数 fun()的返回值为（　　）。

A．一个实数　　B．一个指向实型变量的指针

C．一个指向实型函数的指针　　D．一个实型函数的入口地址

23．若有一维数组初始化语句“int b[5]={1,2,3,4,5};”，且数组的起始地址为8050H，则8060H是数组元素（ ）的起始地址。

A．b[1] B．b[2] C．b[3] D．b[4]

24．若下面程序的第一条输出语句的结果是100，则第二条输出语句的结果是（ ）。

```
#include<stdio.h>
int main()
{   int a[5][4]={1,2,3,4,5},(*p)[4];
    p=a;
    printf("%p\n",a);
    printf("%p\n",*(p+3)+3);
}
```

A．130 B．160 C．11E D．13C

二、读程序写结果

1．阅读下面程序，写出运行结果________。

```
#include<stdio.h>
int main()
{
    int a[]={1,3,5,7,9},b[]={2,4,6,3,7};
    int c, d=1, *p=a, *q=b;
    p+=3; q+=2;
    c=*p++;
    d+=*q;
    printf("%d,%d,%d,%d\n",*p,*q,c,d);
}
```

2．阅读下面程序，写出运行结果________。

```
#include<stdio.h>
#define N 10
main()
{
    int a[N][N],*p[N];
    int i,j;
    for(i=0;i<N;i++)
        p[i]=a[i];
    for(i=0;i<N;i++)
    {
        p[i][0]=1;
        p[i][i]=1;
        for(j=1;j<i;j++)
            p[i][j]=p[i-1][j-1]+p[i-1][j];
    }
    i=3;
    for(j=0;j<=i;j++)
        printf("%4d",p[i][j]);
```

```
    printf("\n");
}
```

3. 阅读下面程序，写出运行结果________。

```
#include<stdio.h>
#include<string.h>
main()
{
    char *language[]={"FORTRAN","BASIC","PASCAL","Java","C"};
    int i;char str[80];
    strcpy(str,language[0]);
    for(i=1;i<5;i++)
        if(strcmp(str,language[i])<0)
            strcpy(str,language[i]);
    puts(str);
}
```

4. 阅读下面程序，写出运行结果________。

```
#include<stdio.h>
#define N 80
main()
{
    char s[N]="foot and tooth";
    char *p;
    char c1='o',c2='e';
    p=s;
    while(*p)
    {
        if(*p==c1) *p=c2;
        p++;
    }
    puts(s);
}
```

三、程序填空题

1. 利用指针计算一维数组中的最大值，请将程序填写完整。

```
#include<stdio.h>
#define N 10
main()
{
    int a[N]={66,88,94,56,98,72,76,93,79,86},max;
    int *pa, *pmax;
    pa=a;
    pmax=_____【1】_____;
    _____【2】_____;
    while(pa<a+N)
```

```
    {
        if(*pmax<*pa)
            *pmax=________【3】________;
        pa++;
    }
    printf("Max is %d\n",*pmax);
}
```

2．利用指针将字符串中的大写字母转换成相应的小写字母，请将程序填写完整。

```
#include<stdio.h>
void fun(char *str);
main()
{
    char s[80];
    gets(s);
    fun(________【1】________);
    puts(s);
}
void fun(char *str)
{
    int i,n;
    while(________【2】________)
    {
        if(*str>='A'&&*str<='Z')
        ________【3】________;
        str++;
    }
}
```

四、程序改错题

下面程序的功能是：通过键盘读取 N 个数据，求其平均值，并根据平均值将 N 个数据分为不小于平均值和小于平均值两组输出。请改正程序中的错误，使程序输出正确的结果。

```
#include<stdio.h>
#define N 10
main()
{
    /**********found**********/
    float ave,b[N],sum=0,*p=ave,*q=b;
    printf("\n Please input %d elements sequence of number:\n",N);
    /**********found**********/
    while(q<b+N)
    {
        scanf("%f",&q);
        sum+=*q++;
    }
```

```
    *p=sum/N;
    printf("\n Greater than or equal to the average value %f:
       \n",*p);
    for(q=b;q<b+N;q++)
      if(*q>=*p)
         printf("%5.1f",*q);
    printf("\n Smaller than the average value %f: \n", *p);
    for(q=b;q<b+N;q++)
      if(*q<*p)
         printf("%5.1f",*q);
}
```

五、编程题

根据下面的代码编写函数 fun()的定义部分，利用指针判断一个字符串是否是回文。

```
#include<stdio.h>
int fun(char *str);
main()
{
    char s[80];
    gets(s);
    if(fun(s)==1)
       printf("字符串是回文！\n");
    else
       printf("字符串不是回文！\n");
}
```

13.3 补充习题答案

一、单项选择题

1. D　2. C　3. B　4. B　5. C　6. C　7. A　8. B　9. D
10. A　11. C　12. D　13. C　14. A　15. B　16. A　17. C
18. D　19. C　20. C　21. B　22. B　23. D　24. D

二、读程序写结果

1. 9,6,7,7
2. 1　3　3　1
3. PASCAL
4. feet and teeth

三、程序填空题

题目	【1】	【2】	【3】
1	&max	*pmax=a[0]	*pa
2	s	*str!='\0'	*str=*str+32

四、程序改错题

需要修改的行	正确内容
6	*p=&ave
11	scanf("%f",q);

五、编程题

```
#include<stdio.h>
int fun(char *str);
main()
{
    char s[80];
    gets(s);
    if(fun(s)==1) printf("字符串是回文!\n");
    else printf("字符串不是回文!\n");
}
int fun(char *str)
{     char *q=str;
      while(*q!='\0') q++;
      q--;
      while(str<q)
      {
         if(*str!=*q) break;
         str++;q--;
      }
      if(str>=q) return 1;
      else return 0;
   }
```

13.4 实　验

1. 交换两个变量的值。

【目的】掌握指向整型变量的指针作为函数的形参的用法。

【内容】请将下面的程序补充完整，以得到相应的运行结果。

【程序清单】

```
#include<stdio.h>
void swap(int *p1, int *p2);
int main()
{
    int x=10, y=20;
    printf("before: x=%d,y=%d\n",x,y);
    swap(_______【1】_______);
    printf("after: x=%d,y=%d\n",x,y);
}
void swap(int *p1, int *p2)
{
    int *t;
    _______【2】_______
    printf("*p1=%d,*p2=%d\n",*p1,*p2);
}
```

【运行结果】

```
before: x=10,y=20
*p1=20,*p2=10
after: x=10,y=20
```

将上面程序中的swap()函数做如下改动后，运行并记录结果：

```
void swap(int *p1, int *p2)
{
    int t;
    t=*p1;* p1=*p2;* p2=t;
    printf("*p1=%d,*p2=%d\n",*p1,*p2);
}
```

【运行结果】

【说明】对比前后两次的运行结果，体会到运算符“*”可以得到指针指向对象的值。

2. 输出数组元素的值和地址。

【目的】掌握指向整型数组的指针的用法。

【内容】请将下面的程序补充完整，以得到相应的运行结果。

【程序清单】

```
#include<stdio.h>
int main()
{
    int a[5]={10,20,30,40,50};
    int *p;
    for(_______【1】_______;_______【2】_______;p++)
```

```
        printf("num[%d]=%d  address=%p\n", p-a,*p, p);
}
```

【运行结果】

```
num[0]=10  address=003DFCFC
num[1]=20  address=003DFD00
num[2]=30  address=003DFD04
num[3]=40  address=003DFD08
num[4]=50  address=003DFD0C
```

3. 用字符指针指向一个字符串。

【目的】掌握利用指针访问字符串及字符的方法。

【内容】请将下面的程序补充完整，以得到相应的运行结果。

【程序清单】

```
#include<stdio.h>
int main()
{
    char *s="I love China.";
    printf("%s\n%c\n%s\n%c\n",_______【1】_______);
}
```

【运行结果】

```
I love China.
I
China.
e
```

4. 计算一维整型数组中值为偶数的所有元素的平均值。

【目的】掌握利用指针访问一维数组中各元素的方法。

【内容】请将下面的程序补充完整，以得到相应的运行结果。

【程序清单】

```
#include<stdio.h>
#define N 5
int main()
{
    int a[N],s=0,k=0,*pa,i;
    float ave;
    pa=a;
    printf("\nInput %d numbers:",N);
    for(i=0;i<N;i++)
        scanf("%d",&a[i]);
    for(i=0;i<N;i++)
        if(_______【1】_______)
        {
            s=s+_______【2】_______;
            k++;
```

```
        }
        ave=(float)s/k;
        printf("average is %.2f\n",ave);
    }
```

【运行结果】

```
Input 5 numbers: 1 2 3 4 5↙
average is 3.00
```

【说明】本程序中存在两个需要特别注意的知识点。首先是循环中对指针 pa 的使用，本程序中自始至终都没有改变指针 pa 的值；也可以通过在循环中不断修改 pa 的值来实现对数组元素的访问：

```
pa=a;
while(pa<a+5)
{
    if(*pa%2==0)
    {
        s=s+*pa;
        k++;
    }
    pa++;
}
```

另外需要注意的是，计算平均值的语句“ave=(float)s/k;”。由于被除数 s 和除数 k 都是整型，因此计算结果也是整型。如果把结果直接赋给 ave，则得不到正确的结果。为了解决这一问题，需要在进行除法运算之前使用强制类型转换把至少一个运算量修改为实型。

5. 利用指针计算一维数组中的最大值。

【目的】掌握利用指针访问一维数组中各元素的方法。

【内容】请将下面的程序补充完整，以得到相应的运行结果。

【程序清单】

```
#include<stdio.h>
#define N 10
int main()
{
    int a[N],max;
    int *pa;
    printf("Input %d numbers:",N);
    for(pa=a;pa<a+N;pa++)
        scanf("%d",pa);
    ________【1】________;
    max=a[0];
    while(________【2】________)
    {
        if(max<*pa)
```

```
            max=*pa;
        pa++;
    }
    printf("Max is %d\n",max);
}
```

【运行结果】

```
Input 10 numbers: 22 33 67 8 90 66 88 90 100 109↙
Max is 109
```

6. 利用函数计算二维数组的主副对角线上元素的和。

【目的】掌握指向二维数组行指针的用法。

【内容】请将下面的程序补充完整，以得到相应的运行结果。

【程序清单】

```
#include<stdio.h>
#define N 5
int fun1(int (*p)[N],int n);
int fun2(int (*p)[N],int n);
int main()
{
    int a[N][N];
    int i,j;
    for(i=0;i<N;i++)
        for(j=0;j<N;j++)
            scanf("%d",&a[i][j]);
    printf("主对角线上元素的和为%d\n",fun1(a,N));
    printf("副对角线上元素的和为%d\n",fun2(a,N));
}
int fun1(int (*p)[N],int n)
{
    int i,s=0;
    for(i=0;i<n;i++)
    _____【1】_____
    return s;
}
int fun2(int (*p)[N],int n)
{
    int i,s=0;
    for(i=0;i<n;i++)
    _____【2】_____
    return s;
}
```

【运行结果】

```
1 2 3 4 5↙
2 3 4 5 6↙
3 4 5 6 7↙
```

```
4 5 6 7 8↙
5 6 7 8 9↙
主对角线上元素的和为 25
副对角线上元素的和为 25
```

7. 利用函数判断字符串是否是回文。

【目的】掌握指向字符串的指针的用法。

【内容】请将下面的程序补充完整，以得到相应的运行结果。

【程序清单】

```
#include<stdio.h>
#include<string.h>
int fun(char *s);
int main()
{
    char str[80];
    printf("请输入一个字符串：");
    gets(str);
    if(fun(str)==1) printf("字符串是回文！\n");
    else printf("字符串不是回文！ \n");
}
int fun(char *s)
{

}
```

【运行结果】

```
请输入一个字符串：asdddsa↙
字符串是回文!
```

8. 利用函数统计字符串中某个字符的个数。

【目的】掌握指向字符串的指针的用法。

【内容】请将下面的程序补充完整，以得到相应的运行结果。

【程序清单】

```
#include<stdio.h>
int fun(char *str,char ch);
int main()
{
    char s[80],c;
    int num;
    printf("Input a string:");
    gets(s);
    printf("Input a char:");
    c=getchar();
    num=fun(_______【1】_______);
    printf("There are %d %c in %s.\n",num,c,s);
```

```
}
int fun(char *str,char ch)
{
    int count=0;
    while(_______【2】_______)
    {
        if(*str==ch) count++;
        str++;
    }
    return count;
}
```

【运行结果】

```
Input a string: Hello World↙
Input a char: o↙
There are 2 o in Hello World.
```

9．输出 3 名员工的工资信息。

【目的】掌握指向结构体数组的指针的用法。

【内容】请将下面的程序补充完整，以得到相应的运行结果。

【程序清单】

```
#include<stdio.h>
struct staff
{
    char name[20];
    int salary;
};
int main()
{
    struct staff *p;
    struct staff
    sts[3]={{"Mary",900},{"John",1000},{"Paul",600}};
    for(_______【1】_______;_______【2】_______;p++)
        printf("%s\'s salary is %d yuan\n",p->name,p->salary);
}
```

【运行结果】

```
Mary's salary is 900 yuan
John's salary is 1000 yuan
Paul's salary is 600 yuan
```

参 考 文 献

柴田望洋，2015．明解 C 语言：入门篇[M]．管杰，罗勇，杜晓静，译．北京：人民邮电出版社．

丁向民，2021．蓝桥杯真题分类解析（C/C++版·软件类）[M]．北京：清华大学出版社．

彭旭东，王成霞，万红，2005．程序设计教程（C/C++版）[M]．北京：清华大学出版社．

彭旭东，王成霞，万红，2005．程序设计教程（C/C++版）上机指导和习题解析[M]．北京：清华大学出版社．

乔林，2008．计算机程序设计基础[M]．2 版．北京：高等教育出版社．

苏小红，王宇颖，孙志岗，等，2015．C 语言程序设计[M]．3 版．北京：高等教育出版社．

谭浩强，2017．C 程序设计[M]．5 版．北京：清华大学出版社．

颜晖，张泳，2018．C 语言程序设计实验与习题指导[M]．3 版．北京：高等教育出版社．

喻文健，2020．数值分析与算法[M]．3 版．北京：清华大学出版社．

于延，2023．新形态 C 语言程序设计游戏化任务教程[M]．北京：科学出版社．

泽德·A. 肖，2018．笨办法学 Python 3[M]．王巍巍，译．北京：人民邮电出版社．

张俊，2021．计算思维与 C 程序设计习题和实验指导[M]．北京：科学出版社．

ROBERTS E S，2012．C 程序设计的抽象思维[M]．闪四清，译．北京：机械工业出版社．